Alte Meß- und Währungssysteme
aus dem deutschen Sprachgebiet

Was Familien- und Lokalgeschichtsforscher suchen

Alte Meß- und Währungssysteme aus dem deutschen Sprachgebiet

Was Familien- und Lokalgeschichtsforscher suchen

Gesammelt und bearbeitet
von
Fritz Verdenhalven

2., wesentlich vermehrte und völlig überarbeitete Auflage
der Schrift
»Alte Maße, Münzen und Gewichte aus dem deutschen Sprachgebiet«

Verlag Degener & Co., Inh. Manfred Dreiss
unveränderter Nachdruck Neustadt an der Aisch 1998

Titelabbildung: Paläographische Abkürzungen für Taler

ISBN 3-7686-1036-5

INHALT

Seite

Vorwort 5

I. Die Maße und Gewichte 6
1. Allgemeine Anmerkungen 6
2. Die Namen der Meßeinheiten und ihre metrischen Lokalwerte 8
00. Benutzungshinweise 8
a) Die verwendeten Abkürzungen und Siglen 8
b) Erläuterungen zur Textgestaltung 9
01. Das alphabetische Verzeichnis der Meßeinheiten 10
3. Die Maß- und Gewichtssysteme 66
00. Überregional 66
01. Die Hansestädte 68
02. Raum Nordelbingen 69
03. Raum Niedersachsen 71
04. Raum Westfalen 74
05. Raum Rhein-Moselgebiet 76
06. Raum Hessen 77
07. Raum Südwest 79
08. Raum Süd 82
09. Raum Mitte 83
10. Raum Ost 85
11. Randgebiete außerhalb Deutschlands 87

II. Die Geldsysteme 90
1. Allgemeine Anmerkungen 90
Anlage A: Münzarten 91
Anlage B: Münzfeinheit 92
Anlage C: Münzfüße 92
Anlage D: Münzkonventionen 93
2. Die deutschen Landeswährungen 93
3. Die benutzten Abkürzungen 96

Seite

4. Die Währungssysteme 96
00. Das Heilige Römische Reich deutscher Nation 97
01. Die Hansestädte 97
02. Raum Nordelbingen 98
03. Raum Niedersachsen 99
04. Raum Westfalen 100
05. Raum Rhein-Moselgebiet 100
06. Raum Hessen 100
07. Raum Südwest 101
08. Raum Süd 101
09. Raum Mitte 101
10. Raum Ost 102

5. Die Währungen in den benachbarten Ländern 103

6. Ehemalige Geldsorten 104

7. Paläographische Abkürzungen 117

III. Literaturverzeichnis 120

Vorwort

Die vor rund zwanzig Jahren im Druck veröffentlichte Sammlung »Alte Maße, Münzen und Gewichte aus dem deutschen Sprachgebiet« unterliegt bei Interessenten bis heute einer so stetigen Nachfrage, daß das Heft in der Zwischenzeit mehrfach nachgedruckt werden mußte. Nachdem der Verlag eine Neuauflage anregte, konnte ich mich diesem Wunsche nicht verschließen, zumal mich mancher Ergänzungsvorschlag in den vergangenen zwei Jahrzehnten erreicht hatte.

Inzwischen sind zum Thema einige weitere Lokaldarstellungen erschienen, die viele in anderen Gegenden ansässige Familien- und Ortsgeschichtsforscher in den wenigsten Fällen erreichen. Nachdem mir auch Herrn Kurt Sieferts Zusammenstellung über »Amtliche Maße und Gewichte in den einzelnen deutschen Wirtschaftsgebieten zwischen 1806 bis 1840, gültig bis 1872« zugegangen war, fühlte ich mich in die Pflicht genommen, die Gesamtmaterie zu überarbeiten. Dabei schien mir erforderlich, die Konzeption der Arbeit zu ändern. Die Gebiete »Maße und Gewichte« und »Währungsverhältnisse« mußten voneinander getrennt werden. Wer auf ersterem sich informieren will, darf nicht ständig über Münznamen stolpern und umgekehrt. Andererseits hielt ich es für ratsam, beim Thema Geld vom »Numismatischen« abzurücken. Ein Hilfsmittel für den angesprochenen Personenkreis braucht nicht über Münzen im Sinn eines Münzsammlers zu berichten. Auch ist es zweitrangig, den »Devisenwert« bestimmter Geldstücke in einem deutschen Kleinstaat zu irgendeinem fernen Zeitraum anzugeben. Solche Zahlen verwirren nur.

An einem alphabetischen Register alter Geldstücke war allerdings festzuhalten. Treten ihre verschiedensten Namen doch in allen möglichen Überlieferungen auf, meistens jedoch mit heute schwer zu deutenden Siglen. Das wiederum hat mich dazu ermutigt, wenigstens eine Auswahl solcher Siglen als Anhang beizugeben. Wichtig scheint es schließlich zu sein, die in fast jedem Einzelstaat vor der reichseinheitlichen Regelung bestehenden »Maß-« und »Währungs«-Systeme darzustellen. Nur so kann man sich über die damaligen Verhältnisse in einer Region informieren.

I. Die Maße und Gewichte

1. Allgemeine Anmerkungen

Johannes Scherr sagt in seiner »Deutschen Kultur- und Sittengeschichte«[1] schon vor mehr als 120 Jahren: »Das mittelalterliche deutsche Rechtswirrwarr wurde noch vermehrt durch ebenbürtige Konfusion in Bezug auf Maß und Gewicht.« Woher ist dieses zu erklären? Teilweise bilden Kleinstaaterei und die Eigenbrödelei einer unübersehbaren Zahl von kleinen und kleinsten Grundherrschaften die Ursache dazu. Die Gründe dürften weit früher zu suchen sein. Als der Mensch zu messen begann, bediente er sich solcher Standardgrößen, die ihm die Natur bot: Länge und Breite eines Fingers, Entfernung von Daumenspitze zur Kuppe des kleinen Fingers bei ausgespreizter Hand, Breite der menschlichen Hand, Länge von der Fingerspitze bis zum Ellenbogen oder – bei seitwärts ausgestreckten Armen – vom Ende der linken Hand bis zu dem der rechten, die Schrittlänge eines ausgewachsenen Mannes beim Gehen oder Laufen u. a. m. Solche Längenmaße trug der Mensch stets bei sich. Er konnte sich ihrer bei Bedarf mühelos bedienen, desgleichen wenn er etwas mit zwei hohlen Händen schöpfte oder wenn er eine Handvoll Salz, Korn usw. ergriff. Auch stellte er fest, daß ihm die Natur gleich lange und dicke Getreidekörner lieferte. Er erfuhr, daß Steine, die er noch mit einer Hand halten konnte, annähernd gleich schwer waren oder daß er eine Lanze auf eine gleichbleibende Entfernung werfen konnte. Diese Erkenntnisse waren über Generationen und Jahrhunderte konstant. Was lag da näher? Man maß mit ihnen, unbeschadet der Tatsache, daß die Körpergröße der Menschen schwankte und die entsprechenden Maße doch nicht gleich waren, je nach Bodenbeschaffenheit und Klima verschieden groß und schwer. Einen rauhen Stein konnte man noch mit einer Hand halten, während ein gleich schwerer, aber glatter Stein nicht mehr zu fassen war. So bildeten sich im Laufe der Zeit in den verschiedenen Gegenden recht unterschiedliche »Urmaße«. Mit fortschreitender Zivilisation legte die jeweilige Grundherrschaft ihren Zwecken dienende »Standardmaße« fest, die dann – absichtlich oder ungewollt – von denen des benachbarten Grundherrn abwichen. Die Grundmaße erhielten Namen, welche wiederum über die eigenen Bezirke hinausdrangen und andernorts für abweichende Größen übernommen wurden. Auch galten in ein und derselben Gegend (Land-, Ortschaft) im Laufe der Zeit mehrere Meßsysteme nebeneinander. Man wendete sie besonders gern bei verschiedenen Waren (z. B. Leinen, Tuche oder Garn) unterschiedlich an. Örtliche Maße basierten oft auf kleineren ortsfremden Einheiten (z. B. hatte die Breslauer Rute die böhmische Elle als Teilmaß). Das Ergebnis war die Konfusion, die uns das Mittelalter bis in das 19. Jahrhundert hinein überliefert.

Die mittelalterlichen Verhältnisse sollen in dieser Schrift nicht angesprochen werden. Familienforscher dringen zu selten in jene Zeiten vor, und Lokalchronisten werden in gedruckten Urkundenbüchern und anderen veröffentlichten Quellen erforderliche Aus-

1 Scherr, Johs., Deutsche Kultur- und Sittengeschichte. Neue Volksausgabe. Hrsg. v. K. Quenzel. Leipzig (1938), S. 204.

künfte erhalten. Die in den folgenden Verzeichnissen genannten Daten gehen also im allgemeinen nicht über das 16. Jahrhundert hinaus.

Seit Beginn des 18. Jahrhunderts haben verschiedene Landesherren versucht, die Maßsysteme für ihr Gebiet zu vereinheitlichen. Zahlreiche Edikte beweisen diese Absicht. Ob solche Verzeichnisse immer bewirkten, alte Gepflogenheiten tatsächlich und unverzüglich verschwinden zu lassen, muß man bezweifeln. Während einer längeren Folgezeit dürfte von einer Vereinfachung kaum die Rede gewesen sein. Zum Beweis zitiere ich hier einen nicht genannten Zeitgenossen aus dem Jahre 1871[2]: »... Es war im Jahre 1846, als das heutige Maß eingeführt wurde, allein noch heute [1871] sind in Preußen und auch bei uns [in Lippe] die kölner Elle, der kölnische und der kulmische Morgen nicht aus dem Verkehr geschwunden.«

Dieses sollte man beim Gebrauch der folgenden Register berücksichtigen. Dabei bin ich sicher: Für manche Orte sind irgendwo in Literatur oder Handschriften noch weitere anderslautende Vergleichswerte genannt. Doch in den meisten Fällen ist es möglich, für Maße und Gewichte älterer Zeit Parallelen zum heutigen System zu ermitteln. Alte Gemäße und Längeneinheiten aus Holz oder Metall sind erhalten. Auch geben die verschiedenen Druckwerke – besonders aus der zweiten Hälfte des vorigen Jahrhunderts – präzise Auskunft. Leider nennen jene Überlieferungen nicht die Zeiträume, in denen die Angaben gebräuchlich waren.

Die offizielle Umstellung auf das metrische (das ist französische) System am 1. Januar 1872 war de facto schon Jahrzehnte vorher in einigen deutschen Landesteilen vorweggenommen. Ich zitiere hier noch einmal aus dem Aufsatz von 1871: »... Lästiger wurden die verschiedenen Maße schon in Deutschland, in welchem jeder Duodezstaat kraft seiner Souverainität sein besonderes Maß hatte, und wenn wir alle bis vor nicht zu langer Zeit angewandte Maße und Gewichte zusammenstellen wollten, würden wir eine recht bunte Musterkarte erhalten. Das schlimmste war, daß die Maßsysteme der verschiedenen Länder ohne Bezugnahme auf die anderwärts angewandten Systeme aufgestellt waren und daher die Umrechnung eine nicht nur lästige, sondern auch ungenaue wurde, da die großen Brüche nicht realisiert werden konnten. Erst die in der neuesten Zeit geschaffenen Systeme haben einen bequemen Anschluß an ein schon bestehendes System zum Ausgangspunkt genommen. So hat das 1839 für den Zollverein geschaffene Zollpfund, das später auch das preußische wurde, sich ganz eng dem französischen System angeschlossen; man machte es gleich $^1/_2$ Kilogramm. Ebenso haben Hessen-Darmstadt und Baden einen Teil des Meters zur Grundlage für ihre Längeneinheiten genommen.«

Demnach ist für die Zeitfixierung der Maße und Gewichte in dieser Sammlung festzustellen: Alle Vergleiche, die mit runden Zahlen (also ohne Dezimalstellen) nach heutigem System angegeben sind, gelten für die Mitte des 19. Jahrhunderts.

Viele der benutzten Quellen übermitteln die metrischen Vergleichswerte bis zu zwölf Stellen hinter dem Komma. Hier sind nur bis zu drei Dezimalstellen (auf- oder abgerundet) wiedergegeben worden. Mit solchen Annäherungswerten dürfte dem Benutzerkreis mehr gedient sein als mit mathematischen – von vielen Bearbeitern zudem noch unterschiedlich berechneten – Vergleichszahlen. Für den historisch Forschenden dürfte es zweitrangig sein zu erfahren, ob eine hannoversche Quadratrute 21,842 oder 21,841740232 qm

2 Das neue Maß und Gewicht. In: Die Sonntagspost. Eine Zeitschrift zur Belehrung und Unterhaltung für jedermann. 1871, S. 177 ff. Lemgo 1871.

groß war. Dieses Verfahren ist auch als Raumeinsparung gedacht. Ihretwegen habe ich ferner die Maßeinheiten »Quadrat...« und »Kubik...« ausgelassen. Es darf unterstellt werden: Die meisten Benutzer verfügen über einen einfachen elektronischen Taschenrechner und können so die Flächen- und Raumwerte ohne Umstände ermitteln.

2. Die Namen der Meßeinheiten und ihre metrischen Lokalwerte

00. Benutzungshinweise

a) Die verwendeten Abkürzungen und Siglen

Ein Nachschlagebuch mit mehreren tausend Zahlen- und sich stets wiederholenden Größenwerten verlangt den Gebrauch von Abkürzungen und Siglen. Dieses ist in den folgenden Verzeichnissen geschehen. Hinter einem Hauptstichwort – u. U. auch innerhalb eines Artikels – ist angemerkt worden, um welche Meßarten es sich handelt (Längen-, Flächenmaß usw.). Für ihre Abkürzungen habe ich — zumindest teilweise – Großbuchstaben benutzt. Bei kurzen Artikeln sind die erklärenden metrischen Einheiten hinter der Zahl durch Abkürzungen in Kleinbuchstaben vermerkt. Das übliche Einheitszeichen l für Liter mußte ich hier allerdings durch »ltr« ersetzen, weil bei der gegebenen Zahlenhäufung das l zu leicht mit einer 1 verwechselt werden kann. Um in sehr umfangreichen Artikeln (z. B. bei Rute, Fuder, Scheffel u. a. m.) nicht jedesmal dieselbe Abkürzung einsetzen zu müssen, habe ich dort am Beginn die metrische Vergleichseinheit mit vollständigem Wort vermerkt (z. B. »in Litern«, »in Zentimetern angegeben« usw).

Die folgenden Abkürzungen kommen vor:

a = Ar
a. = auch
AG = Apothekergewicht
BM = Biermaß
BrM = Branntweinmaß
cbm = Kubikmeter
ccm = Kubikzentimeter
cm = Zentimeter
cmm = Kubikmillimeter
FeM = Feldmaß
FlM = Flüssigkeitsmaß
FM = Flächenmaß
FtM = Fruchtmaß
g = Gramm
GaM = Garnmaß
GM = Gewichtsmaß
gr. = groß(er)
GtM = Getreidemaß
ha = Hektar
HG = Handelsgewicht
hl = Hektoliter
HM = Hohlmaß
kg = Kilogramm
kl. = klein(er)
km = Kilometer
LM = Längenmaß
ltr = Liter
m = Meter
MedG = Medizinalgewicht
MG = Münz-, Edelmetallgewicht
mg = Milligramm
mm = Millimeter
...M = ...Maß
NDtl = Norddeutschland
ÖlM = Ölmaß
qcm = Quadratzentimeter
qm = Quadratmeter
qmm = Quadratmillimeter
RM = Raummaß
SDtl = Süddeutschland
TM = Torfmaß
to = Tonne
TrM = Trockenmaß
WGM = Weingartenmaß
WM = Weinmaß
ZM = Zählmaß
ztr = Zentner
~ = Wiederholungszeichen f.d. Stichwort

b) Erläuterungen zur Textgestaltung

Viele metrische Vergleichswerte konnten einer Zeit zugeordnet werden. Diese in Klammer gesetzten Jahreszahlen sind ausschließlich Hinweise, wie sie mir die ausgewertete Vorlage überliefert hat. Feste Zeiträume einer Gültigkeit sind besonders angemerkt.

Hinter den Hauptstichworten sind geographische Gültigkeitsräume zu finden. Dort befindliche Ortsnamen beziehen sich auch auf das umgebende Gebiet, soweit nicht eine Begrenzung auf den Ort selbst hinzugefügt worden ist.

Staaten mit Stadtnamen (z. B. Herzogtum Braunschweig) sind grundsätzlich nicht als Staat gekennzeichnet. Der Städtename ohne Zusatz bezieht sich auf das Staatsgebiet, also:

Braunschweig	=	Herzogtum Braunschweig
Braunschweig–Lüneburg	=	Fürstentum Braunschweig-Lüneburg
Hannover	=	Kurfürstentum/Königreich Hannover
Lauenburg	=	Herzogtum Lauenburg
Lüneburg	=	Fürstentum Lüneburg
Oldenburg	=	Großherzogtum Oldenburg.

Falls nur die Stadt selbst gemeint ist, ist dieses durch das Wort »Stadt« besonders angegeben worden. Kommt beides mit verschiedenen Wertangaben vor, findet man eine doppelte Eintragung:

Lüneburg, Stadt: ... und Lüneburg, Fstm.: ...

Bei »Sachsen« ist stets das Kurfürstentum bzw. Königreich Sachsen gemeint. Zum Unterschied von anderen Hessen-Ländern ist Hessen-Darmstadt durch den Begriff »Hessen, GrHztm.« dargestellt worden. Für das Kurfürstentum Hessen-Kassel steht in Einzelfällen »Kurhessen« oder allein »Kassel«.

In den Erklärungen ist das Komma für die Bezeichnung der Dezimalstellen vorbehalten. Da ein zu häufiger Gebrauch den Leser verunsichern könnte, sind andere Meßarten oder Meßwerte innerhalb desselben Gebietes durch ein Semikolon abgegrenzt. Der Punkt schließt stets die Erklärungen für ein »Unter-Stichwort« ab.

Abschließend ist anzumerken: 1. Vollständigkeit, besonders im Rahmen lokaler Meßgewohnheiten, war nicht zu erreichen. 2. Bei einzelnen Orten oder Regionen wird man Daten zu zeitlichen Anschlüssen vermissen. Als Beispiel mag im Stichwort »Scheffel« die Stadt Augsburg dienen, wo ein ab 1811 geltender Wert fehlt. Hier ist die landesweite Reform des Meßwesens in Bayern zu berücksichtigen. Ähnliches gilt für andere Staaten. Abschnitt 3 gibt in den Gruppen 00 bis 11 Hinweise und Hilfen. 3. Von einem Verzeichnis paläographischer Abkürzungen ist aus Gründen des Umfangs Abstand genommen. Es muß genügen, auf Paul Arnold Gruns Arbeit »Schlüssel zu alten und neuen Abkürzungen« zu verweisen. Sie ist 1966 beim Verlag C.A. Starke, Limburg/Lahn, als Band 6 in der Reihe »Grundriß der Genealogie« erschienen.

A

Achtel (a. **Gräpel, Span** gen.): 1. LM in Zentimetern. Österreich: 23,7. Preußen: (s. 1819) im Bergbau 26,155.
2. FM in Aren. Österreich: FeM 7,193; WGM 14,387. Württemberg: 3,94.
3. HM in Litern. Augsburg: FIM 0,147. Blankenburg/Thür.: GtM 19,51. Böhmen: GtM 5,849. Frankfurt/M: FlM ca. 120. Heidelberg: ca. 114. Hohenstein/Erzgeb.: 7,15. Idstein: GtM (vor 1840) 133,348. Konitz: GtM 21,03. Leutenberg/Thür.: GtM 21,46. Nürnberg: FlM 0,143. Paulinzell/Thür.: GtM 17,56. Preußen: BrM 12,595. Rudolstadt: GtM Oberherrsch. 23,424. Sachsen: GtM 5,849. Schlesien: GtM 5,849. Schwarzburg-Sondershausen: GtM 17,19. Speyer: ca. 27,5. Stadt Ilm: GtM 17,31. Würzburg: FlM (vor 1811) 9,38; GtM (vor 1811) 86,405. Württemberg: Richtwert (vor 1872) 2,769.

Achtelmetzen: GtM Österreich: 7,686 ltr.

Achtenteil: GtM in Litern. Lübeck: (alt) f. Roggen 4,25; (1829) 4,33; f. Hafter (alt) 4,875; (1829) 4,95.

Achter: HM Österreich: 1,415 ltr.

Achterl: WM, BM Regensburg: (vor 1811) 0,104 ltr.

Achterli: GtM Bern: 1,751 ltr.

Acker: FM in Aren angegeben. Arnstadt: (1850) 25,027 (a. 32,688 gen.). Camberg: 64,157. Coburg: (1850) 28,977. Dresden: (1850) 55,342. Erfurt: 26,434. Greiz: (1850) 32,69. Gotha: FeM (1850) 22,699; Waldmaß 33,884. Hessen-Homburg: 19,065. Hessen-Kassel: (s. 1820) 23,865. Kranichfeld/b. Weimar: (s. 1810) 32,69. Meiningen: 28,997. Meisenheim, OAmt: 25. Mühlhausen/Thür.: 24,736. Nordhausen: 27,716. Nürnberg: (vor 1811) 21,289; (s. 1811) 25,532. Ravensberg/Westf.: 4,902. Reuß j. Linie: 37,847. Reuß ä. Linie: (1850) 32,69. Saalfeld: 32,69. Sachsen: (vor 1872) 55,342. Sachsen-Altenburg: 64,431. Sachsen-Coburg: 28,977. Schwarzburg-Rudolstadt: Oberherrschaft 32,619; Unterherrschaft 36,688. Schwarzburg-Sondershausen: Oberherrsch. 25,027; Unterherrsch. (1850) 18,773. Thüringen: 22,07. Weimar: (s. 1810) 28,497.

Ackerschuh: LM Schwaigern/Württ.: (vor 1806) 25,494 cm.

Ahm: *(siehe auch Ohm)* FlM in Litern. Bremen: 142,785. Hamburg: 144,806. Hannover: 149,735. Königsberg/Pr.: (1825) 161,64. Lübeck: 145,501. Mecklenburg: 145,501. Osnabrück: WM 136,629. Rostock: (1850) 144,805. Sachsen-Meiningen: 64,5. Schleswig-Holstein: 144,91.

Aichkanne: FlM Sachsen: 16,82 ltr.

Aichmaß:WM Frankfurt/M.: 1,793 ltr.

Altmaß: FlM in Litern. Frankfurt/M: 1,793. Hanau: (1850) 1,865.

Amtsscheffel: GtM Königsberg/Pr.: (1640) Hartkorn 52,231 ltr.; Weichkorn: 60,45 ltr.

Ancre: FlM Sachsen: (vor 1872) 35 ltr.

Anker: FlM in Litern. Altona: 36,202. Braunschweig: (s. 1837) 37,474. Bremen: BM 35,436; WM 32,221. Gotha: (1850) 36,385. Hamburg: WM (1850) 36,227. Hannover: (1740-1836) 38,88; (s. 1837) 38,939. Hessen-Kassel: 39, 688. Hildesheim: WM (vor

1836) 33,325. Kleve: WM (vor 1818) 35,657. Königsberg/Pr.: WM (s. 1744) 34,74; (19. Jh.) 42,75; BM (19. Jh.) 67,35. Leipzig: (um 1820) 37,926. Lippe-Bückeburg: (1850) 34,18. Lippe-Detmold: (1857) 37,152. Lübeck: WM (1850) 36,375. Mark, Grfsch.: 3,351. Mecklenburg-Schwerin: 36,24. Oldenburg: WM 35,568; BM 36,92. Preußen: WM (bis 1871) 34,351. Rostock: WM (1850) 36,201. Sachsen: WM (1800) 38,359; (19. Jh.) 33,732. Schleswig-Holstein: 36,227. Stralsund: WM (s. 1830) 34,351; BM 37,358. Waldeck: WM, BM (1850) 35,705. Wursten, Land: BM 35,436.

Apothekerpfund: AG in Gramm. Anhalt: 349,832. Baden, GrHztm.: (vor 1872) 357,78. Basel: (vor 1838) 357,78. Bayern: (vor 1872) 360. Braunschweig: (vor 1872) 350,783. Hannover: (s. 1836) 350,783. Hessen, GrHztm.: (vor 1872) 357,828. Hessen-Kassel: (s. 1827) 357,664. Lippe-Detmold: (bis 1842) 357,78; (1842–1857) 350,783. Nürnberg: (s. 1811) 357,854. Österreich: 420. Preußen: (vor 1872) 350,783. Regensburg: (s. 1811) 355,965. Waldeck: (1850) 357,828. Württemberg: 357,647; *(siehe a. Medizinalpfund).*

Arpens: FM Saargebiet: ca. 20 a.

Artilleriefuß: LM Nürnberg: (vor 1811) 29,287 cm.

Arzneipfund: *siehe Apothekerpfund.*

As (Aß): GM in Gramm. Baden, GrHztm.: (vor 1872) 0,05. Braunschweig: MG (vor 1872) 0,048. Sachsen: (vor 1872) im Handel 0,05; f. Juwelen 0,051. MG allgemein: 28,063 mg.

Aune: LM in Metern. Luxemburg: 0,695. Osnabrück: f. Seide 1,191; f. Leinen 1,182. Schweiz: 1,2.

B

Backhaus-Eimer: GtM Herdecke: »10 kupf. Becher«

Bäckerlast: GtM Danzig: 2822 kg.

Balg: HM Lippe–Bückeburg: (1850) f. Kohlen und Kalk 48,828 ltr.

Balge (Balje): HM in Litern. Allgemein: f. Kohlen ca. 48,72. Bremen: große B. 148,632; kleine B. 49,544. Hannover: 62,3. Rothenfelde/b. Osnabr.: 48,481. Schaumburg-Lippe: 48,828.

Ballen: 1. ZM Allgemein: 1 B Leder = 20 Rollen = 120 Stück. 1 B Tücher = 12 Stck (Österreich 10 Stck). 1 B Papier = 10 Ries = (alt) 200 Buch = (alt) 4800 Bogen, (neu) 10 000 Bogen. 1 B Häute (Österreich) = 30 Stck.
2. LM Österreich: f. Leinwand 23,327 m; f. Tuche 298,583 m.
3. GM Allgemein: 1 B Baumwolle = 120 – 330 kg.

Banchet: LM Allgemein: f. Tuche ca. 7 m

Band: ZM 30 Stück.

Barchentelle: LM Augsburg: 58,652 cm.

Batzendingli: GtM Solothurn/Schweiz: (1850) 1,419 ltr.

Bauernlehen: FM Alemannisch: 9,455 ha.

Bauernmandel: ZM 16 Stück.

Baufuß: LM in Zentimeter. Aachen: 28,869. Gotha: (1850) 28,762. Leipzig: (alt) 28,315. Meiningen: 29,2. Römhild/Thür.: 29,2.

Baumölmaß: FlM Frankfurt: 0,518 ltr.

Baurute: LM Erfurt: 4,533 m.

Bauschuh: LM Weil der Stadt/Württ.: (vor 1806) 28,799 cm.

Becher: HM in Litern. Baden: (vor 1872) 0,15. Basel: 2,021. Corvey/b. Höxter: 2,6. Dortmund: (bis 1841) Reichsmaß 2,19; eigenes Stadtmaß 1,987. Dringenberg/Westf.: 2,8. Hagen/Westf.: (1714) 2,29; (bis 1841) 2,862. Herstelle/Westf.: (bis 1841) 0,9. Huckarde/Westf.: (bis 1841) 1,412; (1870) 1,396. Kamen: (bis 1841) 1,908. Lippe-Detmold: 2,768. Lippstadt: (bis 1841) 2,261. Münster/Westf.: GtM 1,94. Österreich: GtM (1850) 0,481. Osnabrück: (vor 1836) 1,794. Paderborn: GtM (vor 1816) 2,278. Soest: (bis 1841) 1,879. Unna: (bis 1841) 1,636. Waldeck: GtM f. Roggen 3,214; f. Hafer 3,599. Warburg/Westf.: 3,8.

Becken: GM Mark, Grfsch.: b. Osemundfabrik 19,975 kg.

Beneficium: *siehe Bauernlehen*

Berg(bau)lachter: LM in Meter. Lippe-Detmold: (1857) 2,316. Österreich: 1,897. Preußen: 2,092.

Bergeimer: FlM Regensburg; (vor 1811) f. Most 56,644 ltr.

Bergelle: LM Sachsen: 57,2 cm.

Bergfuder: HM Lippe-Bückeburg: f. Steinkohlen 12,688 hl.

Bergriegel: HM Grafsch. Mark: f. Kohlen 78,718 ltr.

Bergrute: RM Lippe-Detmold: f. Steine (1857) 18,52 cbm; (1870) 24,894 cbm.

Bergscheffel: HM Gotha: f. Steinkohlen (1850) 40,206 ltr.

Bergstabel: LM Österreich: f. Erzbergbau 569,1 m.

Bichet: *siehe Mäß.*

Biereimer: *siehe Visiereimer.*

Bierfaß: BM Nordhausen: (18. Jh.) ca. 454 ltr. Wien: (1850) 120,286 ltr..

Biermaß: BM Rheda/Westf.: 1,43 ltr. Rietberg/Westf.: 1,43 ltr. Wiedenbrück/Westf.: 1,45 ltr.

Bierstübchen: FlM in Litern. Bremen: BM (17. Jh.) 3,772. Lüneburg: WM (bis 1692) 3,554; (1693) 3,81; (ab 1714) 3,89.

Bind: Garnmaß 234 m.

Binnenlandrute: LM in Metern. Im Land Wursten bis in das 18. Jahrh. hinein gebräuchlich, doch in der Länge verschieden. Dabei verändern sich auch die Einheiten Fuß und Zoll. Cappel: 5,95. Dorum: 5,88. Misselwarden: 5,79. Mulsum: 5,82. Padingbüttel: 5,82. Spieka: 6,04, Wremen u. Imsum: 5,74.

Bodden: *siehe Fundus*

Börde: GM in Kilogramm. Grafsch. Mark: f. Reckstahl 55,46. Siegen: f. Reckstahl 54,52.

Bortscheffel: GtM Lippe-Detmold: ein bis an den Rand gefüllter Scheffel *(s. d.).*

Bosse: Kalkmaß. Kanton Neuenburg/Schweiz: 300 ltr; FlM ebd. (auch Stückle genannt) 914,06 ltr.

Both: FlM In der Elbschiffahrt gebraucht, auch kleine Pipe oder Sektpipe genannt: 435 ltr. Königsberg: WM (1800) 5,13 hl; (1825) 8,082 hl.

Braccio: LM Basel: (vor 1838) 53,98 cm.

Brande: FlM (auch Bücken gen.) Kanton Neuenburg/Schweiz: 38,11 ltr.

Bräu (Gebräude): BM Bremen: 333 hl.

Brau: BM Hannover: 87,069 hl.

Brazze: FlM Bozen/Tirol: 54,97 ltr.

Brent: FlM Freiburg/Br.: 24,424 ltr.

Broyhan-Faß: BM Bodenwerder/Oberweser: (1635) 427,68 ltr.

Broyhan-Tonne: BM in Litern. Braunschweig: (1648) 144,96. Hannover: (1650) 155,52. Hitzacker/Elbe: (1737) 166,98. Lüneburg: (1731) zw. 203,28 u. 217,8 schwankend.

Buch: ZM f. Papier: 10 Hefte od. 100 Bogen.

Buckband-Tonne: BM in Litern. Bremervörde: (1737) 184,828. Lüneburg: 186,72.

Bücken: *siehe Brande*

Bündel (Büschel): ZM f. Flachs 20 Reisten *(s. d.)*

Bütte: FlM Darmstadt: 1,563 hl. Frankfurt/M.: 1,212 hl. Grfsch. Mark: ca. 25 ltr. Nassau: 0,54 cbm.

Buketband: *siehe Schiffpfund.*

Bund: ZM Grafsch. Mark: 13 Stück. Danzig: (16. Jh.) 50 Stück.

Bunre: FM Rheinland: *siehe Morgen*

Buschau: GM in Kilogramm. Hamburg: (alt) 66,148; (18. Jh.) 58,153; (1862) 57,84.

Buschen: ZM Österreich: 10 Felle.

C

Cardeel: HM Preußen: 3,435 ltr.

Cent: GM in Gramm. Lippe-Detmold: 0,167. Preußen: 0,167. Sachsen, Kgr.: (bis 1871) 0,156.

Centaß (Centas): GM Baden: (vor 1872) 5 g. Sachsen: (vor 1872) 5 g

Centistere: FlM 1870 für 10 ltr. gebräuchlich.

Centner: *siehe Zentner*

Char: FlM in Litern. Genf: (1853) 648. Waadt/Schweiz: (1852) 648.

Chaussee-Meile: LM in Kilometern. Bayern: 7,415. Sachsen-Gotha: 7,421. Sachsen-Weimar: 7,363.

Commerzlast: GM Hamburg: 3000 kg.

Corde: RM Trier: f. Brennholz (vor 1816) 3,245 cbm.

Cordehl: *siehe Cardeel, Quardeel*

Custodie: Österreich: GtM große ~ 982 ltr; kl. ~ 755 ltr.

D

Daumen: LM = Zoll. Grafsch. Mark: 2,6 cm.

Decher (Dechent): ZM für Leder. Fulda: 10 Stück.

Decimal: FM Bayern: 54,073 qm.

Decimalfuß: *siehe Dezimalfuß*

Decistere: FlM 1871 bis 1884 gebräuchlich für 1 hl.

Deichgräberrute: LM Preußen: 4,708 m.

Deichrute: LM Land Wursten: 6,04 m.

Dekagramm: GM 1871 bis 1884 gebräuchlich für 10 g.

Dekaliter: FlM 1871 bis 1884 gebräuchlich für 10 ltr.

Dekameter: LM 1871 bis 1884 gebräuchlich für 10 m.

Dekas: GM Baden: 0,5 g.

Demat (Diemat): FM (Wiesenmaß an der norddeutschen Küste) in Aren. Eiderstedt: 45,4. Emden: 56,738; (Moor-) 99,735. Nordstrand: 49,278. Lunden/Schlesw.-Holst.: 47,894. Ostfriesland: 56,738. Tondern/Dän.: 49,278.

Dezigramm: GM 1871 bis 1884 gebräuchlich für 0,1 g.

Dezimalfuß: LM der zehnte Teil einer Rute (s. d.). Bei Vermessungsarbeiten oft gebräuchlich. Hier nur einige Beispiele: in cm. Hannover: 46,7. Kurhessen: 39,88. Lippe-Detmold: (1857) 46,3; (1870) 46,322. Mecklenburg-Strelitz: 37,7. Sachsen: 42,951.

Dezimalschuh: LM Gammesfeld/Württ.: (vor 1806) 39,392 cm.

Dezitonne: GM Um 1870 für 100 kg gebräuchlich.

Diemat: *siehe Demat*

Diethaufen: GtM Nürnberg: (s. 1811) 4,971 ltr.

Diethäuflein: GtM Nürnberg: (s. 1811) 2,485 ltr.

Dom-Gerstenvirnzel: GtM Trier: (vor 1816) 32,552 ltr.

Dom-Hafervirnzel: GtM Trier: (vor 1816) 39,427 ltr.

Dom–Kornvirnzel: GtM Trier: (vor 1816) 28,576 ltr.

Dorfhufe: FM Pommern: 18,724 ha.

Dosin: *siehe Dutzend*

Drachma: *siehe Quentlein*

Drachme: AG in Gramm. Baden: 3,906. Bayern: 3,75. Bremen: (1837) 3,654; (1857) 3,75. Hannover: (–1871) 3,654. Hessen, GrHztm.: (–1871) 3,727. Hessen-Kassel: 3,728. Lübeck: 3,75. Nürnberg: (1837) 3,727. Österreich: 4,375. Preußen: 3,654. Schweiz: 3,906. Württemberg: 3,726.

Drad: LM Danzig: f. Garn 2,334 m.

Drag: ZM 60 Getreidegarben.

Dreggert: FM Hessen-Kassel: 17,899 a.

Dreiling: WM Böhmen: 12,224 hl. Österreich: (alt) 17,57 hl; (1851) 16,982 hl.

Dreilingsmetzen: GtM Waldeck: (1850) 11,426 ltr.

Dreißiger: 1. ZM allgemein eine Hocke von 30 zusammengesetzten Getreidegarben. 2. GtM Bayern: (s. 1811) 1,158 ltr.

Driling: 1. FM Essen/Ruhr: 31,716 qm.
2. FlM Lippe-Bückeburg: BM 2,051 hl; BrM 1,318 hl.

Dröm(b)t: 1. GtM in Litern angegeben. Lübeck: (alt) f. Roggen 408; (1829) 415,68; (1850) 416,328; f. Hafer (alt) 468; (1829) 475,2; (1850) 474,168. Lauenburg: 561. Mecklenburg-Schwerin: 466,675. Mecklenburg-Strelitz: 687,02. Rostock: (1800) 462,445; (1850) 466,7. Schleswig-Holstein: ca. 500.
2. FM Insel Fehmarn: 90,816 a.

Drohn: FM Hannover: (1850) 19,658 a.

Dukat: MG Österreich: (1850) 3,491 g.

Dukatenaß: MG Allgemein: 58,174 mg. Hessen, GrHztm: (vor 1872) Goldgewicht 0,058 g.

Dumpflachter: LM Böhmen: Bergbau 2,288 m

Duodezfuß: LM Mecklenburg-Strelitz: 31,4 cm. (Im übrigen immer der 12. Teil einer Rute).

Duodezimal–Quadratschuh: FM Mecklenburg–Strelitz: 0,142 qm.

Dutzend: ZM 12 Stück.

E

Echtmaß: HM Allg. ca. 0,25 ltr.

Eckle: HM Württemberg: Richtwert 0,692 ltr.

Ecklein: GtM, FtM Württemberg: (vor 1872) 0,692 ltr; f. Brennholz 0,21 cbm.

Eichmaß: FlM in Litern. Aschaffenburg: (17./18. Jh.) 1,824. Bamberg: (1850) 1,471. Frankfurt/M.: 1,793. Heidelberg: (1718) 1,978. Helmstedt: (17. Jh.) 2,03. Würzburg: (vor 1811) 1,173.

Eichviertel: FlM in Litern. Aschaffenburg: (17./18. Jh.) 7,936. Worms: (16. Jh.) 8,075.

Eimer: 1. HM in Litern angegeben. Aarau/Schweiz: FlM 36,025. Altenburg/Thür.: 67,362. Altona: 28,961. Ansbach: WM 89,225. Appenzell/Schweiz: (alt) 41,894; (1850) 42,907. Augsburg: Visier~ 65,333; Schenk~ 72,5. Bamberg: 94,136. Bayern: (s. 1811) Visier~ 68,418; Schenk~ 64,142. Berlin: 74,9. Böhmen: BM 61,12. Breslau: FlM 55,44. Coburg: FlM (alt) 73,515; (1850) 77,345. Dresden: FlM 67,362; ÖlM (16. Jh.) 75,32. Eisenach: WM 73,3; BM 65,988. Erfurt: WM 70,935; BM 73,65. Freiburg/Schweiz: FlM 39,048. Fulda: FlM (1850) 72,797; ÖlM (16. Jh.) 73,072. Gera: (1850) 66,346. Goslar: 75,4. Gotha: 72,77. Greiz: 67,267. Hamburg: (1850) 28,976. Hannover: 62,203. Hohenzollern: WM Trübeich 184,07; Helleich 176,36. Holstein: 28,98. Homburg: 28,88. Kranichfeld b. Weimar: WM (s. 1810) 86,685. Kurhessen: 7,938. Leipzig: WM (1704) Visierm. 50,57; Schenkm. 55.568; (19. Jh.) 75,852; BM 86,688; ÖlM (16. Jh.) 75,33. Mark, Grfsch.: BM 68,702. Mecklenburg: BM 54,3; WM 31,032. Meiningen: WM 32,725; BM 36,915. Mühlhausen/Thür.: WM, BrM 36,755; BM 34,975. Österreich: FlM 56,589; WM 58,568; BM 60,138. Preußen: WM (vor 1816) 68,76; (1816–1871) 68,702. Regensburg: WM, BM (vor 1811) 49,988. Reuß: *siehe*

Zeulenroda. Rostock: WM (1850) 28,994. Rudolstadt: FlM Oberherrschaft 60,192; WM, BrM, EssigM Unterherrschaft 101,016. Sachsen: WM (alt) Visierm. 50,57; Schenkm. 55,568; (bis 1871) 67,364. Sankt Gallen/Schweiz: WM (vor 1840) 41,99, BM 51,009. Schaffhausen/Schweiz: WM (vor 1840) Helleich 42,066; Trübeich 44,695. Schleiz: 61,832. Schlesien: WM Visierm. 50,57; Schenkm. 55,568. Schleswig-Holstein: 28,982. Schwarzburg-Rudolstadt: *siehe Rudolstadt*. Schweiz: (s. 1840) 37,5. Stein am Rhein/Schweiz: WM (vor 1840) Helleich 39,679; Trübeich 42,159. Troppau/Österr.–Schlesien: WM (vor 1816) 56,15. Waldeck: FlM (1850) 8,569. Weimar: WM, BrM, BM (1810) 71,709; (vor 1872) Schenkm. 73,3. Wien: WM (1803) 56,605 *siehe auch Österreich*. Winterthur/Schweiz: WM (vor 1840) lauterer Sinn 40,388; trüber Sinn 43,08. Württemberg: WM (–1871) Helleich 293,928; Trübeich 306,787; Schenkm. 267,208. Würzburg: FlM (vor 1811) 74,88; (ab 1811) 75,04. Zeulenroda: (alt) 58,248; (1850) 64,72. Zürich: WM lauterer Sinn 110,036; trüber Sinn 117,371; BM? 109,509.

2. RM Bremen: f. Staukohle 12,986 hl.

Einlehn: *siehe Lehn.*

Elle: LM in Zentimeter angeben. Aachen: 66,722. Aarau/Schweiz: (vor 1838) 59,4. Altenburg/Thür.: 56,759. Anhalt: 63,59. Ansbach: 62,377. Aurich: 67,034. Appenzell/Schweiz: f. Wolle 60,962; f. Leinwand 73,362. Arnstedt: 56,5. Augsburg: große ~ 60,637; kleine ~ 58,652. Baden: 60. Bamberg: 66,77. Basel: große ~ 117,9; kleine ~ 53,98. Bautzen: 57,59. Bayern: 83,301. Berlin: (1835) 67,115, (1858) 66,658. Bern: (1850) 54,172. Beverungen/Ostwestf: 58,0. Bielefeld: 58,652. Böhmen: 60,3; Bergbau 57,2. Borgholz/Westf.: 59,0. Bozen: 79,02. Brakel/Ostwestf.: 59,0. Braunschweig: (1701) 57,05; Hztm. (1837–1871) 57,072. Bremen: 57,87; (1858) 57,818; nach Lit.-Verz. A 38 bestanden mehrere Ellengrößen seit 1818; man beachte auch den Schluß zu diesem Stichwort. Breslau: (1850) kleine ~ 57,612. Cloppenburg: 57,5. Coburg: (1850) 58,629. Corvey/b. Höxter: 58,0. Danzig: 57,38. Darmstadt: (alt) 54,769; (1850) 60,0. Delmenhorst: (bis 1871) 57,87. Dresden: 57,3 (auch 56,7 und 56,53 gen.). Dringenberg/Westf.: 59,0. Düsseldorf: (alt) große ~ 68,52; kleine ~ 59,06. Eichsfeld: 56,6. Emden: 67,886. Emstek/Oldbg.: 59,3. Erfurt: (alt) 56,306; große ~ 54,9; kleine ~ 40,3. Flensburg: (1850) 57,3. Frankfurt/M.: (1850) 54,728; *siehe auch die Schlußanmerkung zu diesem Stichwort.* Freiberg/Erzgeb.: (alt) 55,5; (19. Jh.) 56,7. Freiburg/Br.: (1850) 53,8. Gera: 57,9; (1850) 57,3. Gotha: 56,264. Grätz/Steierm.: 85,902. Greiz: (1850) 58,85. Gütersloh/Westf.: 59,0. Halle/Saale: 57,12. Hamburg: (1850/1858) kurze ~ 57,277; lange ~ 69,1; *siehe auch die Schlußanmerkung zu diesem Stichwort.* Hanau: (1850) 54,38. Hannover: (1850) 58,419. Heidelberg: (alt) 55,87. Heilbronn: (alt) 59,55. Herford: 58,0. Hessen, GrHztm.: (vor 1872) 60,0. Hildburghausen: 57,3. Hildesheim: (alt) 56,035. Höchst: (1850) 54,728. Hohenzollern: 61,4. Homburg, Amt: (alt) 54,7; (ab 1825) 60,0. Husum: 59,6. Innsbruck: 80,4. Jever: 67,328. Karlsruhe: (s. 1810) 60,0. Kassel: (s. 1820) 57,04; *siehe auch die Schlußanmerkung zu diesem Stichwort.* Kleve: (1855) 66,722. Koblenz: (alt) 57,32. Köln: 55,3; kurze ~ 57,61; große ~ 69,48. Königsberg: (alt) 57,48. Köthen: 63,6. Kulm: (vor 1816) 115,2. Kurhessen: (alt) 56,7; (vor 1872) 57,04. Lausanne/Schweiz: 108,0. Leer/Ostfr.: 67,034. Leipzig: 56,6. *siehe auch die Schlußanmerkung zu diesem Stichwort.* Lemgo: 57,5. Lippe-Bückeburg: (1850) 58,02. Lippe-Detmold: (1857/1870) 57,903; (1826) 57,73. Lobenstein/Thür.: 59,1. Lübeck: 57,75; (1850) 57,524. Lügde/Ostwestf.: 58,0. Lüneburg: lange ~ 70,1. Luzern: 62,9. Magdeburg: 58,34.

Mainz: (alt) 55,118; (19. Jh.) 54,88. Mannheim: 55,79. Mark Grfsch.: (18. Jh.) 55,3. Mecklenburg-Schwerin: 57,3. Mecklenburg-Strelitz: 66,7; (1850) 69,309. Meiningen: 55,85. Minden/Westf.: 58,0. Mühlhausen/Thür.: 56,057. München: (s. 1811) 83,301 (a. 79,9 gen.). Münster/Westf.: 58,313. Neustrelitz: 69,3. Nordhausen: (alt) 55,49. Nürnberg: (s. 1811) 65,65 (a. 66,1 gen.). Österrreich: *siehe Innsbruck, Wien, Salzburg;* Ober-Österr.: (1835) 80,474. Oldenburg/Oldbg.: 58,088. Osnabrück: (alt) 60,2; (1850)58,4; auch brabanter (69,14) und calenberger (63,7) ~ gebräuchlich. Paderborn: 58,0. Posen: (alt) 59,412. Preußen: (1816) 87,092; (1870) 66,694. Pyrmont: 58,2. Regensburg: (vor 1811) 81,003. Reuß: *siehe Greiz und Zeulenroda.* Rheda/Westf.: 59,0. Römhild/Thür.: 55,7. Rostock: (1773) 57,84; (1850) 57,54. Rudolstadt: 56,5. Saalburg/Thür.: 60,7. Sachsen: (alt) 56,638; (vor 1872) 60,0. Sankt Gallen/Schweiz: f. Wolle 61,09; f. Leinwand 73,54. Salzburg: f. Leinwand 100,006; f. Seide 80,285. Schaumburg-Lippe: *siehe Lippe-Bückeburg.* Schaffhausen/Schweiz: (vor 1840) 59,56. Schalkau/Thür.: 59,5. Schleiz: 56,5. Schlesien: 60,3; im Bergbau 57,2. Schleswig-Holstein: 57,3. Schwarzburg-Rudolstadt: 56,5. Schwarzburg-Sondershausen: 66,7; (1850) 56,17. Schweinfurt: (vor 1811) 58,336. Schweiz: (ab 1840) 60,0. Solothurn/Schweiz: 64,8; (1850) 54,91. Sonneberg/Thür.: 60,7. Stein am Rhein/Schweiz: (vor 1840) kurze ~ 59,07; lange ~ 69,95. Stralsund: 58,2. Stuttgart: 61,423. Tanna/Thür.: 56,5. Themar/Thür.: 57,0. Thorn: (vor 1816) 115,2. Tirol: (vor 1816) 79,02; (19. Jh.) 80,41. Trier: (vor 1816) 56,52; (ab 1816) 55,81. Troppau/Österr.–Schlesien: (alt) 57,85; (19. Jh.) 77,888. Ulm: (vor 1806) 56,85. Unterwalden/Schweiz: (vor 1838) 57,044. Vechta/Oldbg.: 58,3. Waldeck: (1850) 58,48. Warburg/Westf.: 58,0. Weimar: (s. 1810) 56,396. Wiedenbrück/Westf.: 59,0. Wien: (1858) 77,888; (1851) 77,921. Wiesbaden: 55,5. Wismar: 58,2. Wittenberg/Elbe: (s. 1816) 67,34. Württemberg: (1557/1871) 61,424. Würzburg: (vor 1811) 58,74. Zeulenroda: (1850) 58,0. Zürich: (vor 1840) 60,276. Zurzach/Schweiz: (vor 1840) 60,267. Zwickau: 57,43. Anm.: Die Brabanter Elle, welche neben den Landesmaßen im deutschen Manufakturhandel vielfach in Gebrauch war, war in Aachen 68,02, Bremen 69,44, Frankfurt am Main 69,92, Hamburg 69,14, Kassel 69,43 und Leipzig 68,56 cm.

Eßchen: GM Köln (um 1500) ca. 53,725 mg.

Essigtonne: FlM Hamburg: (1850) 108,6 ltr.

F

Faden: 1. LM in Metern angegeben. Allgemein im Garnhandel 2,33 und in der Seefahrt 1,829. Braunschweig: f. Garn 2,14. Bremen: f. Garn 1,736; (1870) 2,17. Lippe-Detmold: Flachs auf langem Haspel (1857) 2,027; auf kurzem Haspel 1,31; Wollgarn 1,74. Mark, Grfsch.: (1870) 1,883. Preußen: (alt) 1,642; (1870) 1,883. Wursten, Land: 1,812.
2. RM f. Brennholz in Kubikmetern. Bremen: 1,744. Jever: 3,339. Mecklenburg-Strelitz: 3,457; (1850) 3,459 (auch 4,452 gen.). Oldenburg: 2,020. Rostock: (1850) 3,459. Schleswig-Holstein: (1850) 2,118; f. Nutzholz 2,542.

Fäßchen: 1. GtM in Litern. Hannover: 12,461. Köln: (alt) 2,243.
2. Stückgut-Maß Frankfurt/M.: 300 od. 450 Blatt verzinnter Bleche.

Fäßlein: BM Sachsen: 18,73 ltr.

Fahm: BM Land Wursten: 5,666 ltr.

Fandel: LM für Tuche ca. 655 m.

Fardel: LM f. Tuche: 45 Tuche à 24 Ellen. Baden: 648 m. Bayern: 900 m. Hohenzollern: 663 m. München: 937 m. Württemberg: 691 m.

Faß: 1. HM in Litern angegeben. In den Jahren 1871 bis 1884 in Deutschland üblicher Ausdruck für den Hektoliter. Frühere Werte wie folgt: Aachen: GtM Hartk. 24,711. Bayern: BM (s. 1811) 1710,4. Bern: (vor 1838) BM gemeines ~ 668,5. Böhmen: BM 244,48; WM 428 bis 672. Braunschweig: BM (17. Jh.) 434,88; f. Mumme ca. 380,52; (1824) 403,92. Braunschweig-Lüneburg, Festm.: BM f. Mumme (1704–1732) 373,8; f. Broyhan (1704–1732) 403,704. Bremen: BM (1824) ca. 405. Dresden: BM 520,12; WM 393; Spiritus 202,09. Duderstadt: BM (18./19. Jh.) 422,07. Einbeck: BM (1690) 409,2; (1755) 466,8. Freiburg/Br.: BM 390,78. Freiburg/Schweiz: 624,728. Gera: (1850) BM 398,076. Gotha: BrM (1850) 200,09. Hamburg: GtM (17./18. Jh.) 54,32; (1850) 52,734; WM (1850) 869,4; Tran 147,0. Hannover: (1836–1871) 202,486. Hessen-Homburg: 25. Hildesheim: BM (1827) 452,5 (a. 377,1 gen.). Köln: GtM 17,943. Leipzig: WM (alt) 379,26. Lübeck: GtM (alt) f. Roggen 8,5; (1829) 8,66; (1870) 8,673; f. Hafer (alt) 9,25; (1829) 9,75; (1870) 9,878; BM 149,02.; BrM 218,25. Mecklenburg-Schwerin: GtM 10,097. Meisenheim, Oberamt: (1850) 25. München: BM 1710,5. Nordhausen: BM (18. Jh.) 997,1; WM ca. 425. Österreich: BM 226,45; WM (1803–1850) 566,05. Preußen: (15. Jh. - 1871) ca. 229; (bis 1871) langes ~ 549,6; kurzes ~ 274,8. Rostock: GtM (1850) 9,722. Rudolstadt: WM, EssigM Unterherrsch. 303,048. Sachsen: FlM 356,8; (um 1810) 420; BM 280,95; WM 252,85. Waldeck: BrM (1850) 214,23. Wolfenbüttel: BM (1680 - 1702) 425,844 - 433,73. Zittau: 74,92.
2. GM Hall/Tirol: f. Salz (vor 1816) 266,906 kg. Mark, Grfsch.: f. Holzkohle 140,148 kg; f. Garn 257,235 kg.
3. RM Trier: (vor 1816) 0,268 cbm.

Faust: LM Österreich: (1851) 10,536 cm.

Feld: FM Ostfranken: 807,89 a.

Feldacker: FM Gotha: 22,699 a.

Feldfuß: LM in Zentimetern. Halle/Saale: 43,3. Mecklenburg-Strelitz: 29,1. Nordhausen: 62,405.

Feldmeßrute: LM in Metern. Frankfurt/M.: (1850) 3,558. Mühlhausen/Thür.: 3,932. Sachsen: 4,295.

Feldmorgen: FM in Aren. Braunschweig, Hztm.: 25,016. Coburg: (1850) 28,977. Frankfurt/M.: 20,251. Hannover, Kgr.: 19,658. Köln: 31,766. Mergentheim/Württ. 21,197.

Feldrute: LM in Metern. Bayern: 2,919. Erfurt: 3,976. Eßlingen: (vor 1806) 26,675. Frankfurt/M.: 3,558. Gotha: 4,027. Mecklenburg-Strelitz: 4,656. Nassau: (alt) 5,008; (1870) 5,0. Sachsen: 4,295. Schöntal/Württ.: 4 verschiedene 38,037; 48,941; 37,143; 49,875. Weil der Stadt: 27,698. Wiesensteig: 29,222.

Feldschuh: LM in Zentimetern. Krautheim/Württ.: (alt) 38,037; (neu) 48,941. Nassau: (alt) 31,3; (1870) 50,0. Orendelsall/Württ.: 37,143.

Feldzoll: LM 1/10 Feldschuh.

Fiem: ZM Teufelsmoor und Land Wursten: 100 Bund Reet zum Dachdecken.

Fifert: FM Kurhessen: 29,832 a.

Finger: LM Sachsen, Kgr.: (1550) 1,77 cm.

Flasche: WM Preußen: 0,85 ltr.

Fitze: LM f. Garn. Preußen: 73,15 m.

Frachtschiffpfund: GM Hamburg: (1835) 155,151 kg. *siehe auch Schiffpfund zur Fuhre.*

Fragell: FlM Tirol: 0,101 ltr.

Freihufe: FM Bayern: 15,53 ha.

Frohnpfund: GM Augsburg: (1850) 490,874 g.

Fuder: 1. RM in Kubikmetern. Mark, Grfsch.: f. Kohlen 1,78. Nassau: f. Eisenstein 1,62. 2. HM in Hektolitern angegeben. Ansbach: (1850) 10,707. Augsburg: WM 8,94. Baden: (vor 1872) 15,0. Böhmen: 19,56. Bremen: WM 8,698. Erfurt: 8,152. Frankfurt/M.: WM 8,606. Freiburg/Br.: FlM 10,568. Fulda: FlM (1850) 8,736. Hamburg: WM (1704/1733) 8,64; (1850) 8,688. Hanau: FlM (1850) 8,954. Hannover: WM (1704) 19,1; (1836–1872) 9,346. Hausberge/Porta: GtM 22,428. Heidelberg: WM 16,096. Heiligkreuz b. Trier: WM 10,906. Hildesheim: WM 7,998; GtM (vor 1836) 21,158; (ab 1836) 20,741. Hohenzollern: WM Helleich 1,764; Trübeich 1,841. Hoya/Weser: GtM (ab 1714) 1,575. Kassel: WM (s. 1820) 9,358. Köln: WM (alt) 8,557; (18./19. Jh.) 9,335. Kurhessen: WM (alt) 9,525; (vor 1872) 9,358. Leipzig: WM (1704) Visierm. 6,068; Schenkmaß 6,668; (um 1800) 9,102. Lippe-Bückeburg: GtM 31,65. Lippe-Detmold: FlM (1826) 8,918; GtM (1826) 21,244; (1870) 24,0. Löwenbrücken b. Trier: WM 10,096. Lübbecke/Westf.: GtM (ab 1714) 21,66. Lübeck: WM (1704/1733) 8,732; (1850) 8,73. Lüneburg: (bis 1692) 8,53; (ab 1693) 8,712; (ab 1836) 9,346. Mainz: WM, BrM, EssigM (alt) 8,134; (neu) 4,066. Mannheim: WM (alt) 9,571. Mecklenburg-Schwerin: 14,418. Minden/Westf.: GtM (ab 1714) 21,168. Nürnberg: FlM 8,21. Österreich: WM (1850) 18,114. Olevig b. Trier: WM 10,096. Osnabrück: WM 8,169; GtM 20,664. Paderborn: GtM (vor1816) 17,496. Pallien b. Trier: WM 10,096. Petershagen/Weser: GtM 23,184. Pfalz: 10,0. Preußen: FlM (ab 1816) 8,244. Regensburg: WM ca. 8,5. Rheinland: WM 8,557. Rostock: WM (1850) 8,688. Sachsen: WM (18. Jh.) Visierm. 6,068; Schenkm. 7,192; (vor 1872) Visierm. 8,084. Sankt Gallen/Schweiz: WM (vor 1840) 12,597. Schaffhausen: WM (vor 1840) 13,461. Schaumburg-Lippe: *siehe Lippe-Bückeburg.* Schlesien: WM 11,114. Schlüsselburg/Weser: GtM (ab 1714) 22,86. Stein am Rhein: WM (vor 1840) lauterer Sinn 12,697; trüber Sinn 13,491. Stemwede/am Dümmersee: GtM (ab 1714) 22,05. Stralsund: GtM (s. 1830) 8,966, Trier: WM, BaumölM 10,096. Ulm: WM (vor 1806) Visierm. 26,453; Schenkm. 33,48. Waldeck: GtM (1850) 24,679. Württemberg: WM (1557) 17,635; (vor 1872) Helleich 17,636; Trübeich 18,407; Schenkm. 16,033. Würzburg: FlM (vor 1811) 8,986.
3. FM Lippe-Detmold: 8,24 ha.

Fundgrube: FM im Bergbau, in Aren angegeben. Altenburg/Thür.: 31,36. Oberharz: 43,33. Rheinland: 34,32. Sachsen 96. Walkenried: 57,56.

Fundus (od. deutsch **Bodden):** Ein Maß für Wachs, Fett o.ä. in Tafeln der Größe eines Faßbodens entsprechend. Das exakte Gewicht ist, weil verschieden, nicht festzulegen. Nach Schiller-Lübben, Niederdeutsches Wörterbuch, Stichwort »Bodden«: 2 bodenne Wasses, de wugen en Schippunt. Man beachte daher die Angaben beim Stichwort *Schiffpfund.*

Fuß: LM in Zentimetern. Allgemein (auch Schuh gen.): 1 Pariser Fuß = 12 Zoll = 32,48394 cm. 1 Fuß im Bergwesen im Bereich der Oberbergämter Breslau, Bonn, Clausthal, Dortmund und Halle = 31,4 cm. Aachen: 28,763. Aarau/Schweiz: 29,332. Alemannisch: 28,6. Anhalt: 37,662. Angelbeck/Osnabr.: 29,21. Ansbach: 29,956.

Appenzell: 31,469. Arnstadt: 28,25. Augsburg: 29,671. Baden: (vor 1872) 30,0. Bamberg: 30,440. Basel: (alt) 30,5; (ab 1840) 29,82. Bayern: rechtsrhein. 29,186; Pfalz: (vor 1872) 28,536 (auch 33,333 gen.). Bern: 29,332. Bozen: 33,412. Braunschweig: (1809) 28,536. Bremen: (alt) 60,5; (neu) 28,936. Breslau: 28,806. Calenberg: (18. Jh.) 29,303; (vor 1836) 29,135; (1836) 29,221; (1869) 29,032. Chur/Schweiz: 30,0. Coburg: 30,397; (1850) 30,304. Danzig: 28,7. Darmstadt: (alt) 28,762; (vor 1872) 25,0. Dresden: 28,333. Duderstadt: 28,989. Emden: 29,231. Engern: 28,8. Erfurt: 28,326. Essen/ Ruhr: 28,7. Franken: 30,4. Frankfurt/M.: 28,461. Freiberg/Erzgeb.: 27,75. Freiburg/Br.: 29,326; (1850) 31,673. Freiburg/Schweiz: (s. 1838) 29,326. Fulda: 28,288. Genf: (vor 1840) 48,794; (1850) 28,65. Gera: 28,319. Gotha: Ellenmaß 28,1; Baumaß 28,762. Graubünden: (nach 1840) 30,0. Hamburg: (1850) 28,657. Hanau: (1850) 28,69. Hannover: (Kurfstm. 1811) 29,22; (Kgr. 1836) 29,209; (1858) 29,189. Heidelberg: (alt) Werkfuß 27,935; Stadtfuß 30,35; (1850) 30,0. Heilbronn: (alt) 27,85. Henneberg: 31,2. Herford: 29,6. Hessen, GrHztm.: 25,0; *siehe auch Katasterfuß.* Hessen-Homburg: (ab 1825) Amt Homburg 28,767; Oberamt Meisenheim 33,333. Hessen-Kassel: 28,77; Dez.-Fuß 39,88. Hildburghausen: (1850) 28,726; Verm. Fuß 30,398. Hildesheim: (alt) 27,938 (a. 28,017 gen.). Hohenleuben/Thür.: (1850) 28,42. Hohenzollern: 28,649. Innsbruck: 33,412. Jever: (1850) 31,374. Kassel: (alt) 28,492; (s. 1820) 28,77. Kleve: (alt) 31,4; (1850) 29,6. Koblenz: (alt) 29,06; (ab 1816) 31,374. Köln: (vor 1816) 28,739. Königsberg: (vor 1816) 30,77. Küstrin: (vor 1816) 31,9. Kulm: (vor 1816) 28,813. Kurhessen: *siehe Hessen-Kassel.* Lauenburg: 29,3. Leipzig: (alt) 28,25; (vor 1872) 28,319. Lippe-Bückeburg: 29,01; (1858) 28,941; Dezimalfuß 46,416. Lippe-Detmold: (1857) 28,94; (1870) 28,951. Lübeck: (1850) 28,762; b. Schiffsvermessungen 29,1. Luzern: 31,469. Mainz: 29,15; Kameralschuh 28,75. Mark, Grfsch.: (s. 1816) 31.374. Mecklenburg: 28,65; Landmessung 29,101. Meiningen: 30,292. Meisenheim, Oberamt: 33,333. Mühlhausen/Thür.: 28,085. München: (s. 1811) 29,186. Münster/West.: (1850) 29,1. Nassau: (1858) 50,0; Holzmaß 30,0. Neumark: 31,4. Nordhausen: (1850) 29,27; Feld~ 62,405. Nordstrand: 29,9. Nürnberg: (vor 1811) 30,4. Österreich: 31,608. Oldenburg/Oldbg.: (bis 1873) 29,588. Osnabrück: (alt) 27,927. Ostfalen: 28,8. Ostfranken: 28,8. Ostfriesland: (17. Jh.) 31,375. Pommern: (vor 1816) 29,2; (s. 1816) 31,374. Preußen: (um 1800) ca. 33; (s. 1816) 31,374. Regensburg: (vor 1811) 31,356. Reuß j. L.: *siehe Hohenleuben.* Reuß ä. L.: 28,32. Rheinland: (s. 1816) 31, 374; (1870) 31,385. Rostock: (18. Jh.) 29,1 lüb. Fuß; (1800) 28,77. Sachsen: 28,311; (1871) 30. Sachsen-Gotha: 28,8. Sachsen-Weimar: (s. 1810) 28,198. Sankt Gallen: (vor 1840) Stadtmaß 30,754; 31,469. Schaffhausen: (vor 1840) 29,78. Schaumburg-Lippe: *siehe Lippe-Bückeburg.* Schleswig-Holstein: 28,658. Schwarzburg-Rudolstadt: Oberherrsch. 28,22; Unterherrsch. 31,38. Schwarzburg-Sondershausen: Oberherrsch. 28,25 (a. 24,719 gen.); Unterherrsch. 28,25. Schweiz: (ab 1840) 30,0. Soldin: 29,5. Solothurn: (vor 1840) 29,332. Thorn: (vor 1816) 57,6; (ab 1816) 29,7. Tirol: 33,412. Tondern/ Dän.: 29,1. Trier: (vor 1816) 29,375. Troppau/Österr.–Schlesien: (vor 1816) 28,94. Ulm: (vor 1806) 29,9. Waldeck: (1850) 29,24; b. öff. Bauten 31,358. Weimar: (s. 1810) 28,198. Wesel: (vor 1816) 23,5. Westfalen: (vor 1816) 28,8. Wetzlar: 27,5. Wien: (alt) 31,808; (1835) 31,614; (1858) 31,593. Wiesbaden: (vor 1840) 28,57; (ab 1840) 50,0. Wittenberg/Elbe: (s. 1816) 28,31. Württemberg: (1557–1806) 28,649. Würzburg: (vor 1811) 29,37. Wursten, Land: Deichrutenfuß 30,2; der Binnenlandrutenfuß schwankt zwischen 28,7 und 30,2. Man beachte das Stichwort *Binnenlandrute.* Zeulenroda: (1850) 29,0. Zürich: (vor 1840) 30,138. Zurzach/ Schweiz: (vor 1840) 30,003.

Futtermaßel: GtM Österreich (1850) 0,961 ltr.

G

Gart: FM in Quadratmetern. Hessen, GrHztm.: 596, 632. Lippe-Detmold: 663,725.

Gartenmorgen: FM Mittelfranken, bes. Nürnberg: 35,4 a.

Gartenstück: Dortmund (18./19. Jh.) ca. 180 qm.

Gebinde: LM in Metern. Kassel: f. Garn 93,2. Lippe-Detmold: f. Wollgarn (1826) 80,04; (1857) 69,6; f. Flachs, langes ~ (1826) 133,39; kurzes ~ 77,94; (1857) langes ~ 133,75; kurzes ~ 78,3.

Gebräude: BM in Hektolitern angegeben. Böhmen: 73,44; 88,128; 97,9. Dresden: 83,22. Hannover: 87,069. Leipzig: 70,778; a. 94,31 gen. Preußen: 41,221. Sachsen: 50,75; a. wie Dresden und Leipzig gen. Zittau: 27,48; a. 29,968 gen.

Gebünd: ZM für Textilien. Braunschweig: 100 Fäden. Bremen: 90 Fäden.

Geestrute: 1. LM Hamburg: 4,585 m.
2. FM Norddeutschland: 21,024 qm.

Geestscheffel: FM Hamburg: 42,05 a.

Gehrt: Breitenmaß v. Äckern. Hannover: (vor 1836) 4,66 m; (nach 1836) 4,674 m.

Gelenge: FM Thüringen: 44,14 a.

Gemünd: LM Tirol: (1850) 3,161 m.

Gerthe: FM Thüringen: 33,105 a.

Gescheid: GtM in Litern angegeben. Frankfurt/M: 1,793. Hanau: (1850) 1,908. Heidelberg: 1,793. Hessen, GrHztm.: (ab 1818) 2,0. Idstein: (vor 1840) 2,084. Limburg/Lahn: (vor 1840) 2,084. Mainz: (vor 1818) 1,709. Mannheim: 1,793. Wiesbaden: (um 1830) 1,709.

Getreidelast: HM Danzig: 31,02 hl; auch 30,905 hl gen.

Geviert: Synonym für *Quadrat.*

Geviertrute: FlM in Quadratmetern. Land Wursten: für Äcker 36,5; für Weiden und Wiesen ca. 40.

Gewende: FM in Aren angegeben. Breslau: (16. Jh.) 62,01. Königsberg: (vor 1816) 6,266. Ostfranken: 2,693. Ostpreußen: 2,553. Preußen: 2,553.

Glas: Flm in Litern angegeben. Baden: 0,15. Borgentreich/Westf.: 0,33. Dringenberg/Westf.: 0,33. Karlsruhe: 0,15. Waldeck: 0,089; (1850) großes ~ 0,103; kleines ~ 0,051.

Gortz: HM Inhalt sehr verschieden. Mancherorts bilden 10 Glas = 3 Metzen, andernorts 11 Glas = 4 Metzen u. a. m. Metrische Vergleichswerte nicht ermittelt.

Grän: JuwelierGew. Gold u. Silber 81,2 mg; Edelsteine: 20,554 mg.

Gränchen: AG Baden: (bis 1810) 14,26 mg; (nach 1831) 15,259 mg.

Gräpel: *siehe Achtel.*

Gran: 1. AG in Gramm. Allg.: 0,063. Baden: 0,061–0,065. Bayern: 0,063. Braunschweig: (1837/1857) 0,0634; (1871) 0,061. Hannover: 0,061. Hessen, GrHztm.: 0,063. Leipzig: (1826) 0,061. Lippe-Detmold: (1826) 0,059. Lübeck: 0,063. Nürnberg: 0,063. Österreich 0,073. Preußen: 0,049. Schweiz: 0,065. Württemberg: 0,062.

2. MG Österreich: 0,058; Karat ~ 0,052.
3. JuwelenGew. Hannover, Kgr.: 0,812. Hessen, GrHztm: 0,812. Preußen: 0,812.

Gras: FM in Aren genannt. Emden: 42,554. Jever: (um 1800) 35,14; (um 1840) 31,52. Kniphausen/Oldbg.: (alt) 36,18; (ab 1836) 29,31.

Grasen: FM Hannover: 42,53 a.

Grodenjück: FM Oldenburg: 50,78 a.

Gros: ZM großes ~ 1728 Stück; kleines ~ 144 Stück.

Großhundert: ZM Allgemein: 120 Stück. Danzig: (16. Jh.) 2880 Stück.

Großschock: ZM Allgemein: 64 Stück.

Großseitel: FlM Österreich: WM (1803–1850) 0,531 ltr.

Großstein: GM in Kilogramm. Berg, Hztm.: (1560) 18,696. Danzig: (16. Jh.) 14,881.

Großtausend: ZM Stab- u. Faßholz: 1200 Stück.

Grubenfeld: FM im Bergbau. Braunschweig, Hztm.: 184, 178 ha.

H

Hägerhufe: FM in Hektaren angegeben. Engern/Westf.: 15,319. Ostfalen: 15,319. Pommern: (s. 1720) 39,306; auch 37,447 gen. Süd-Mecklenburg: 41,623.

Haferhimten: GtM in Litern. Lüneburg: ca. 26,0 (vgl. *Sommermaß*). Uelzen: großer ~ ca. 31,92.

Hafermalter: GtM in Hektolitern. Nürnberg: (s. 1811) 1,471. Würzburg: (vor 1811) 4,003.

Hafermetzen: GtM in Litern. Nürnberg: (s. 1811) 18,368. Schweinfurt: (vor 1811) 37,186. Würzburg: (vor 1811) 33,361.

Haferscheffel: GtM in Litern. Bayern: 259,471. Borgholz/Westf.: 50,3. Lippe-Detmold: (1826) 39,514; (1857) 51,634; (1870) 51,673. Ravensberg/Westf. (auch Haufscheffel gen.) (1870) 37,732. Warburg/Westf.: 53,9.

Hafersimmer: GtM in Hektolitern. Ansbach: (1850) 6,223. Coburg: (–1871) 1,13. Nürnberg: (vor 1811) 5,884.

Hagenhufe: Auch Hägerhufe gen. *Vgl. auch Hufe.* FM in Hektaren. Engern/Westf.: 15,319. Mark, Grfsch.: 15,319 Mecklenburg-Schwerin: 1,56. Mecklenburg-Strelitz: 2,08. Ostfalen: 15,319. Pommern: 1,95. Schaumburg-Lippe: ca. 2,0.

Haken: Flm in Hektaren. Königsberg: (vor 1816) 12,531. Preußen: 5,106.

Hakenhufe: FM Pommern: 9,827 ha.

Halbe: FlM in Litern. Königsberg: WM (vor 1816) 0,712. Österreich: 0,707. Tirol: 0,406.

Halbekanne: FlM Lippe-Detmold: (1857) 0,688 ltr.

Halbeort: FlM Lippe-Detmold (1857–1870) 0,172 ltr.

Halbfaß: BM in Litern. Braunschweig: (1648) 190,26. Bremen: (1824) 188,344.

Halbnößel: FlM Braunschweig: (1837–1871) 0,234 ltr. Hannover, Kgr.: (ab 1836) 0,243 ltr. Lüneburg: (–1692) 0,227 ltr.

Halbstübchen: FlM in Litern. Braunschweig-Lüneburg, Fstm.: (1692) 1,944; (1702) 1,869; (1837–1871) 1,874. Hannover, Kgr.: (ab 1836) 1,997. Helmstedt: BM (1702) 2,03. Lüneburg, Stadt: (bis 1692) 1,82. Schöningen: BM (1702) 1,891.

Halbtonne: BM Lüneburg: (ab 1714) 50,57 ltr.

Halfstieg: ZM Land Wursten: 10 Stück.

Hand(breit): LM Sachsen: (1550) 7,08 cm.

Hartkornscheffel: *siehe Roggenscheffel.*

Haspel: GaM in Metern. Bielefeld: 1,3. Borgholzhausen/Westf.: 1,35. Brakel b. Höxter: 2,2. Braunschweig: (vor 1872) 2,14. Corvey b. Höxter: 2,0. Driburg/Westf.: 2,3. Gütersloh: 1,35. Halle/Westf.: 1,73. Herford: 1,4. Hessen-Kassel: (vor 1872) 2,354. Kamen/Westf.: ca. 1,5. Lippe-Detmold: f. Flachs (1826) langer ~ 2,021; kurzer ~ 1,299; (1857/1870) langer ~ 2,027; kurzer ~ 1,301; Wollgarn ~ 1,735. Mark, Grfsch.: ca. 1,3. Minden/Westf.: langer ~ 2,7; kurzer ~ (a. Molt gen.) 1,3; halber ~ 2,0. Paderborn: langer ~ 2,3; kurzer ~ 1,15. Rahden b. Lübbecke: langer ~ 2,4; kurzer ~ 1,35. Rheda/Westf.: 1,36. Tietelsen/Westf.: 2,2. Versmold/Westf.: 1,32. Warburg/Westf.: 1,9. Werther/Westf.: 1,3. Wiedenbrück: 1,36; bei Sackleinen 2,34.

Hauf: ToM Lippe-Detmold: (1826) ca. 1500 Soden. Berlin: 6000 Stück.

Haufen: RM f. Holz in Kubikmetern. Berlin: 13,356; a. 15,025. Mark, Grfsch.: 15,03. Preußen: a. f. Torf 10,017.

Haufscheffel: GtM Ravensberg: (1870) 37,732 ltr.

Hauslopp: *siehe Lo(p).*

Havelboden: FM Hamburg: 4,599 a.

Heft: Papiermaß = 10 Bogen.

Heitscheffel: GtM Schleswig-Holstein: f. Weizen 112,5 ltr. FM Schleswig-Holstein: 30,24 a.

Hektometer: Um 1870 gebräuchlich für 100 m.

Hektoster: Um 1870 gebräuchlich für 100 cbm.

Helfchen: FlM Osnabrück: WM (vor 1836) 0,076 ltr.

Helleichmaß: *siehe Altmaß.*

Heller: MG Österreich: (1850) 0,548 g.

Henkemann: BM in Litern. Delmenhorst: 34,66. Oldenburg: 39,902.

Heyerhufe: *siehe Hägerhufe.*

Himten: GtM, FtM in Litern angegeben. Altona: 34,778; (ab 1844) 27,481. Boitzenburg/Elbe: (1850) 26,965. Braunschweig: (alt) 31,5; (ab 1837) 31,145. Celle: (–1693) 22,73; (18./19. Jh.) 22,756. Gifhorn: (1704) 32,329. Hamburg: (ab 1844) 27,481. Hannover: (bis 1714) 26,53; Kfstm. (1714–1835) 31,1; Kgr. (ab 1836) 31,152; (1870) 31,072. Herstelle/Westf.: ca. 29. Hessen-Kassel: 40,815. Hildesheim: (alt) 25,9; (um 1830) 26,447. Kassel, Stadt: 20,092. Lauenburg: 31,167. Lippe-Bückeburg: 131,876; (18. Jh.) 32,969; (1870) 32,346. Lippe-Detmold: f. Roggen (18. Jh.) 23,129; (1870) 29,528;

f. Hafer (18. Jh.) 26,343; (1870) 34,449; f. Holzkohlen (1870) 59,055. Lüneburg: Wintermaß (bis 1692) 24,9; Sommermaß (bis 2. Hälfte 17. Jh.) 26,6. Lüneburg, Fstm.: Sommermaß (1693–1836) 31,1; (ab 1836 wie Hannover, Kgr.). Mecklenburg-Schwerin: 32,968. Mecklenburg-Strelitz: 26,926. Minden: alter ~ 29,06. Pyrmont: 31,151. Schaumburg-Lippe: *siehe Lippe-Bückeburg.* Schleswig-Holstein: 34,78. Waldeck: (1850) 34,277.

Himten(saat): FM in Aren angegeben. Braunschweig: 25,016. Diepholz, Grfsch.: 8,74. Hannover: 8,73. Hoya/Weser: 8,74. Lippe-Detmold: (1870) 11,444. Osnabrück, Fstm.: (1780) 8,739. Verden/Aller: 8,74.

Himten(stelle): FM Land Hadeln: ca. 4,4 a.

Hofscheffel: Konstanz: ca. 45 ltr.

Hofstätte: FM Bayern: 3,105 ha.

Holl: Drahtlehre. Weniger als 1 mm Dicke.

Holle: FM in Aren. Calenberg: 8,793. Lippe-Bückeburg: 6,443.

Holzklafter: RM Preußen: 3,333 cbm.

Holzkohlenscheffel: HM Lippe-Detmold: 88,583 ltr.

Hoop (auch **Mühlenkopf** gen.): GtM Hannover: (ab 1836) 1,947 ltr.

Hube: FM Österreich: 86,748 ha.

Hufe: FM in Hektaren angegeben.

Das Wort Hufe oder Hube ist etymologisch mit dem Begriff Hof verwandt. Im Mittelalter diente es noch ganz allgemein zur Bezeichnung bäuerlichen Grundbesitzes, ohne daß eine bestimmte Flächengröße damit genannt werden sollte. Eine Hufe war eben ein gewisser Anteil an den Ländereien eines Dorfes. Zweifellos waren solche Anteile innerhalb einer Gemarkung meistens von gleicher Größe. Sie aber konnte von Dorf zu Dorf schon stark wechseln. Später bildeten sich solche »Anteilshufen« zu vermessenen »Flächenhufen« und erhielten dabei besondere Namen (*Königshufe, Hakenhufe, Hägerhufe, Landhufe, Priesterhufe, Tripelhufe, Volkshufe, Waldhufe* – s. d.). Bei der Festlegung der Größe solcher Flächenhufen bediente man sich ortsüblicher Landmaße. Da außerdem die Bonität des Bodens berücksichtigt wurde, schwankten die Hufengrößen innerhalb der gleichen Gemarkung erheblich. Staatsarchivrat Franz Engel (s. Nr. A 15 des Literaturverzeichnisses) weist für West-, Nord- und Ostdeutschland Hufengrößen von 15, 20, 21, 24, 25, 28, 30, 31, 32, 33, 34, 40, 45, 60, 120 und 160 (örtlicher) Morgen nach. Es ist nicht bekannt, wie groß diese Morgen in jedem Einzelfall waren. Es dürfte daher gewagt sein, aus ihnen exakte metrische Vergleichsmaße zu errechnen. Daher stellen die folgenden Flächenangaben nur Annäherungswerte dar. Außerdem kann die nachstehende Zusammenfassung nur eine lückenhafte Auswahl sein, zumal mir ausreichende Unterlagen für den südlichen Raum des deutschen Sprachgebietes bisher nicht bekannt sind.

a) Allgemeine Durchschnittsangaben:

1 alemannische Hufe = 18,91 ha	1 fränkische Hufe = 24,2 ha
1 bayerische Hufe = etwa 11–14 ha	1 niedersächsische Hufe = 7,8 ha
1 flämische Hufe = 16,8 ha	1 wendische Hufe = 9,83 ha

b) Einzelwerte in Hektaren: Brandenburg: 17,022. Bremer Wesermarsch: (12. Jh.) 6,173; (17. Jh.) 7,716. Breslau: (16. Jh.) 18,602; (1850) 16,803. Danzig: 16,666. Elbinseln bei Hamburg: (15. Jh.) 38,6. Engern/Westf.: 7,66. Franken: 23,905 (selten:

27,194). Frankfurt/M: 6,075. Fulda: 5,531. Hadeln, Land: (1800) 35,34. Harzvorland, westliches: (16. Jh.) 75,048. Königsberg: (vor 1816) 18,8. Küstrin: alte ~ 20,618. Kulm: alte ~ 16,81. Mark, Grfsch.: (–1813) 7,6. Mecklenburg-Schwerin: 13,007; bonitierte ~ 39,021; katastrierte ~ 78,042. Mühlhausen/Thür.: 18,552. Neumark: 22,695. Niederhilbersheim b. Bingen: 14,64. Nord-Mecklenburg: (14. Jh.) 10,406. Nordwest-Mecklenburg: (15. Jh.) 12,5. Northeim: 22,695. Obernkirchen/Schaumbg.-Lippe: (16. Jh.) 11,314 und 12,424. Ostelbien: 15,32. Ostfalen: 7,66. Ostfranken: 24,237. Preußen: 7,66. Rheinland: 7,66. Ribnitz/Meckl.: (1599) 10,926. Sachsen: (1734) 16,603; (18. Jh.) 19,922; es gab hier auch die Hufe zu 12,15, 18, 24 und 30 Acker, wobei letzterer zu 55,342 a gerechnet wurde. Schaumburg-Lippe: (16./17. Jh.) 7,914; (18./19. Jh.) 8,532. Schwabenheim: 11,07. Soldin: 17,584. Stadthagen: (1558) 6,463. Steder b. Rinteln a. d. Weser: (1542) 6,205. Südhannover: (1578) 6,259. Westfalen: (ab 1816) 7,66. Wickensen, Amt (b. Eschershausen): (1550) 6,128.

Hufenacker: FM Mühlhausen/Thür.: 18,552 a.

Hund: FM in Aren. Oldenburg: 20,427 (auch 21,01). Ostfriesland: 9,456.

Hundert: 1. GM Mark, Grfsch.: Osemundegew. 49,82 kg.
2. FM Jever: 19,307 a.
3. ZM Allgemein f. Rauchwaren: 104 Felle. Danzig: f. große Bretter 120 Stück. Lübeck: f. Bretter 120 Stück.

Hunt: RM Bremen: (f. Torf) 13,566 cbm. Im Bergbau: großer ~ 0,191 cbm; mittlerer ~ 0,131 cbm; kleiner ~ 0,099 cbm.

Hut: GM Bingen: f. Salz (18. Jh.) 80,352 kg; (19. Jh.) 80,476 kg.

I

Im(m)i (Imel): HM in Litern angegeben. Bern: FlM (vor 1840) 3,503. Freiburg/Schweiz: (vor 1840) 1,562. Hohenzollern: WM Helleich 18,37; Trübeich 19,174. Luzern: FlM (vor 1840) 13,901. Neuenburg/Schweiz: GtM Hartk. 15,234; Weichk. 15,869. Schweiz: GtM (s. 1840) 1,5. Solothurn: GtM (1850) 5,675. Ulm: GtM (vor 1806) 229,8. Württemberg: WM (1557–1871) Helleich 18,37; Trübeich 19,174; Schenkm. 16,7. Zürich: FlM (vor 1838) 0,57; GtM (vor 1840) 2,3. Zurzach/Schweiz: GtM (vor 1840) 2,474.

Infel: GtM Heidelberg ca. 14 Ltr.

Ingenieurrute: LM Österreich: (alt) 3,793 m; (1850) 3,161 m.

J

Jauchart (Jauchert): FM in Aren angegeben. Aach/Württ.: (vor 1806) 52,95. Achstetten/Württ.: (vor 1806) 46,597. Altdorf/Württ.: (vor 1806) 45,91 (a. 49,822). Altmannshofen/Württ.: (vor 1806) Grasgärten, Wiesen 53,372; Würzgärten, Äcker 40,029; Wald 60,043. Altshausen: *siehe Dürmentingen.* Arnegg/Württ.: 65,848. Aulendorf/Württ.: (vor 1806) 45,46. Baisingen/Württ.: (vor 1806) 40,73. Balzheim/Württ.: (vor 1806) Acker 70,336; Wald 73,779; Wiesen 52,752. Bayern: 34,073. Biberach: (vor 1806) 57,896. Buchau/Württ.: (vor 1806) 46,198. Bußmannshausen/

Württ.: (vor 1806) 46,572. Dietenheim/Württ.: (vor 1806) Wald 45,677; im Fuggerischen Wald 46,77. Dotternhausen/Württ.: (vor 1806) 35,39. Dürmentingen/Württ.: (vor 1806) nach dem Nürnb. Schuh 46,328; nach d. Wiener Schuh 45,98. Eglofs/Württ.: (vor 1806) 46,328; 48,182; 55,594. Ehingen/Württ.: (vor 1806) 42,103. Ellmannsweiler/Württ.: (vor 1806) 54,078. Freiburg/Br.: 36,114. Friedberg-Scheer/Württ.: (vor 1806) 48,311. Gammesfeld/Württ.: (vor 1806) 51,206. Gebrazhofen/Württ.: (vor 1806) 42,696. Geislingen: *siehe Ulm.* Giengen/Württ.: (vor 1806) 59,759. Gmünd: (vor 1806) 48,926. Gomadingen/Württ.: (vor 1806) 35,127 od. 48,448. Hall/Württ.: 45,574. Heggbach/Württ.: 56,91. Herlazhofen: *siehe Gebrazhofen.* Horb.: (vor 1806) 40,784. Isny/Württ.: (vor 1806) Acker 46,607; Wald u. Wiesen 35,852. Leutkirch/Württ.: (vor 1806) f. Gärten u. Wiesen 27,797; f. Würzgarten, Acker u. Wald 46,328. Mühlheim a. d. Donau: 47,248. Mühringen: (vor 1806) 46,459. Neresheim/Württ.: (vor 1806) 38,863. Oberhausen/Württ.: (vor 1806) 44,649. Obermarchtal/Württ.: (vor 1806) 47,161. Oberndorf/Württ.: (vor 1806) 42,978. Oberstadion/Württ.: (vor 1806) 43,707. Ochsenhausen/Württ.: (vor 1806) 52,207. Ramsdorf/Württ.: (vor 1806) 42,529. Ravensburg/ Württ.: (vor 1806) 47,425. Rheinland: 51,066. Riedlingen/Württ.: (vor 1806) 42,696. Rothenburg/Württ.: (vor 1806) 42,777. Rottweil: (vor 1806) 30,556. Salach/Württ.: (vor 1806) 53,186. Saulgau/Württ.: (vor 1806) 46,599. Schemmerberg/Württ.: (vor 1806) 48,628. Schramberg/Württ.: (vor 1806) 35,688. Schussenried: (vor 1806) 50,089. Schweiz: (ab 1840) 35,967. Schwendi/Württ.: (vor 1806) 47,358. Singen/Württ.: (vor 1806) 42,817. Spaichingen/Württ.: 46,264 (beim Hochberger Jauchert 35,891). Stockach/Württ.: (vor 1806) 42,696; »Wiener Maß« 45,846. Tettnang: *siehe Ravensburg.* Tirol: (18. Jh.) 35,967; (19. Jh.) 40,184. Ulm: (vor 1806) Acker 47,219 od. 32,791; Wald 74,360 od. 51,236; Wiesen u. Gärten 35,693 od. 24,593. Waldburg/Württ.: (vor 1806) Grasgarten u. Wiesen 53,370; Acker 40,028; Wald 60,042. Waldsee: (vor 1806) 43,423. Warthausen/Württ.: (vor 1806) 43,707. Weigheim/ Württ.: (vor 1806) 32,357. Weingarten: *siehe Altdorf.* Wengen/Württ.: (vor 1806) 42,342. Wiblingen, Amt, Kirchbergische Herrschaften: (vor 1806) 43,793. Wiblingen, Ort: (vor 1806) 46,767. Wilflingen: *siehe Dürmentingen.* Württemberg: (1557) 47,276; ab 1806 nicht mehr im allgemeinen Gebrauch. Wurzach/Württ.: (vor 1806) 37,412. Zwiefalten/Württ.: (vor 1806) 47,732.

Je(t)z: FlM Augsburg: 111,8 ltr. (a. 113,011 ltr. gen.).

Joch: FM Österreich: Ackermaß (1851) 57,557 a; WGM 115,092 a.

Juchart: FM in Aren angegeben. Sankt Gallen: (vor 1840) 34,05. Schaffhausen: (vor 1840) 32,197. Solothurn: (1850) 34,4. Zürich: (vor 1840) Rebenland 25,432; Reben und Wiesen 29,065; Äcker 32,698; Waldung und Ried 36,332. Zurzach: (vor 1840) 28,806; 32,406, 36,007 und 40,508. Schweiz: allg. (ab 1840) 36.

Juchert: FM in Aren. Baden: 36. Basel: (vor 1840) 33,387. Freiburg/ Schweiz: (vor 1840) 43. Österreich: 57,55.

Juck (Jück): FM in Aren angegeben. Cappel/Land Wursten: Acker 63,666; Wiesen u. Weiden 66,334. Dorum/Land Wursten: Acker 62; Wiesen u. Weiden 65,666. Ellenserdamm/Oldb.: 50,78. Hannover: Raum Nordseeküste (ab 1836) 65,525. Imsum/Land Wursten: Acker 59; Wiesen und Weiden 65,75. Landwührden: 52,53. Midlum/Land Wursten: norderhalb f. Äcker 65,666; f. Wiesen u. Weiden ca. 68; süderhalb f. Äcker 63,666; f. Wiesen u. Weiden 66,334. Misselwarden/Land Wursten: Äcker 59,666;

Wiesen u. Weiden 65,666. Mulsum/Land Wursten: Äcker 60; Wiesen und Weiden 65. Oldenburg/Oldbg.: (alt) 56,028; (1850) 45,385. Osterstade/Niederweser: ca. 52,76. Padingbüttel/Land Wursten: Äcker 60; Wiesen u. Weiden 65. Spieka/Land Wursten: Äcker 65,666; Wiesen u. Weiden ca. 68. Wesermünde, Kreis: 50,113. Wremen/Land Wursten: Äcker 59; Wiesen u. Weiden 65,75.

Jungmaß: FlM in Litern. Frankfurt/M.: 1,608; (s. 1842) 1,593. Hanau: (1850) 1,609.

K

Kabel: FM eine nicht festzulegende Waldfläche mit einer gewissen Anzahl noch stehender Bäume, die mit einem Seil als H-Zeichen zusammengefaßt sind, daß sie verkauft werden sollen.

Kabel(länge): LM in Metern. Allgemein: 185,2. Tiefen: 220. Österreich: 189,648.

Kännchen: FlM in Litern. Fulda: (1850) 0,114. Hessen-Kassel: 0,124.

Kärtchen: WM Meiningen: 0,256 ltr. *Siehe im übrigen Maß.*

Kahr: GtM Eger/Böhmen: Hartk. 298,759 ltr; Weichk. 308 ltr.

Kalkbütte: HM in Hektolitern. Darmstadt: 1,523; (1850) 1,563. Frankfurt/M: 1,42. Hanau: 1,527. Hessen, GrHztm: (vor 1872) 1,563.

Kalkfaß: HM Allg.: 25,825 hl.

Kalkmaß: HM Deutschland allg.: 2 hl. Österreich (auch Kalkmüttel od. Kalkmuthel gen.) (s. 1753) 1,538 hl.

Kalkscheffel: HM Lippe-Detmold: (1857) 177,032 ltr.; (1870) 177,167 ltr.

Kameralschuh: LM Mainz: (vor 1818) 28,75 cm.

Kammermorgen: FM Küstrin: 68,725 a.

Kammerrute: LM Küstrin: 4,786 m.

Kanne: HM in Litern angegeben. Deutschland allgemein: (1868–1877) 1 Liter. Aachen: WM 1,066; BrM 1,071; BM 1,133. Altona: 1,81. Apolda/Thür.: GtM (1850) 0,904. Altenburg/Thür.: 1,123. Bayern: 1,069. Borgentreich/Westf.: 1,3 (a. Maß gen.). Borgholz/Westf. 1,3. Delmenhorst: (1850) 1,444. Dornburg/Thür.: GtM (1850) 0,952. Dresden: BM (1719) 0,937; *s. a. Visier- und Schenkmaß.* Eisenach: WM (1850) 1,833. Erfurt: WM (1850) 1,689; BM (1850) 2,046; GtM (1850) 0,931. Gera: GtM (1850) 0,921. Gotha: (1850) 1,819. Greiz: 1,401; Hamburg: WM 1,811; Milch 1,975; sonstiges 1,805. Hannover: (1714–1836) 1,944; (1836–1871) 1,947. Jena: GtM (1850) 1,601. Jever: 1,425. Kleve: GtM 1,117; WM 1,892; (ÖlM) 1,198. Krefeld: 1,195. Leipzig: *s. Visier- u. Schenkmaß.* Lemgo: 1,442. Lippe-Detmold: (1857) 1,376. Lübeck: BM (1850) 1,863; WM 1,819. Mark, Grfsch.: 1,27. Mecklenburg-Schwerin: BM 1,811. Mecklenburg-Strelitz: BM 1,939. Meppen: 1,39. Mühlhausen/Thür.: WM, BrM 2,042; BM 1,749. München: 1,069. Münster/Westf.: BM 1,333. Niederrhein: 1,145. Oldenburg/Oldbg.: WM 1,369; BM (1850) 1,425. Osnabrück: WM, BM (vor 1836) 1,22. Paderborn: (vor 1816) 1,339. Peckelsheim/Westf.: 1,3. Reuß ä. Linie: *siehe Zeulenroda.* Reuß j. Linie: *s. Schleiz.* Rostock: WM, BM (1850) 1,812. Rudolstadt: Unterherrschaft 5,612. Sachsen: (bis 1871) WM 1,204; BM 0,936. Schleiz: 0,859. Schleswig-Holstein: 1,811; TrM 2,174. Schwarzburg-Sondershausen: (1850) BrM 1,948; BM 1,804.

Stralsund: (1825) 1,908. Waldeck: BM, BrM, EssigM (1850) 1,648. Warburg/Westf.: 1,35; auch Maß genannt. Weimar: (bis 1871) WM 1,018; GtM (1850) unterschiedliche; *siehe auch Jenaer, Erfurter, Dornburger Kannen.* Wetter/Ruhr: 1,114. Wien: WM (1850) 1,415. Zeulenroda: FlM (1850) 0,809.

Karat: GM a) f. Juwelen in Milligramm. Allgemein neu: 200. Baden: 244,14. Braunschweig: (vor 1872) 205, 537. Frankfurt/M.: 205,83. Hessen, GrHztm.: (vor 1872) 206,25. Hamburg: 205,86. Hannover: (vor 1872) 205,537. Lübeck: 204,77. Österreich: (1850) 205,5. Preußen: (seit 1816) 205,537. Sachsen: (vor 1872) 205,873.
b) für Gold. *Siehe Mark und dividiere durch 24.* In den meisten Gebieten sind es bis 1871 9,744 Gramm.

Karch: GM Österreich: (1850) 224,024 kg.

Karre(n) (Karrn): 1. RM im Bergbau allgemein: 2,32 cbm. Böhmen: f. Kohlen und Eisenstein ca. 5,4 hl. Braunschweig: f. Holzkohlen (1837–1871) 2,324 cbm. Bremen: f. Kohlen 99,089 ltr. Mark, Grfsch.: f. Holzkohlen 1,36 cbm. Sachsen: f. Kohlen 6,23 hl; im Großhandel 6,853 hl. Sachsen-Gotha: f. Kies 2,465 cbm. Württemberg: f. Sand (bis 1871) 1,881 hl. Zwickau: 5,44 hl.
2. GM in Kilogramm. Mark, Grfsch.: f. Rohstahl 460,6; f. Stabeisen 466,24. Siegen: (s. 1667) f. Reckeisen 476,758; f. Stabeisen 448,714.

Kasten: RM in Hektolitern. Brandenburg: f. Eisenstein u. Kohlen 6,336. Hannover: f. Eisenstein u. Kohlen ca. 4,8. Hessen, GrHztm.: f. Eisenstein u. Kohlen 6,249. Hohenzollern: f. Mörtel 1,764. Ostpreußen: für Eisenstein u. Kohlen 7,574. Württemberg: (s. 1806) f. Mörtel 1,764; f. Sand 1,881.

Katasterfuß: LM Kurhessen: (alter Kasseler ~) 28,492 cm.

Katasterjück: FM Oldenburg/Oldbg.: (vor 1836) 56,028 a; (ab 1836) 45,383 a.

Katasterrute: LM Kurhessen: 3,989.

Kette: LM a) in den Jahren 1872 bis 1884 deutsche Bezeichnung für die Länge von zehn Metern. b) Sachsen: (bis 1871) 42,951 m.

Ketten: Westfälische Drahtlehre: 7,8 mm Dicke.

Kettenfuß: LM in Zentimetern. Hannover: 46,735. Mecklenburg: 46,019.

Kiepe: ZM getrockn. Fisch = 80 Stück. Schollen = 600 Stück.

Killistere: FlM od. GM. Um 1870 gebräuchlich für 1 Liter oder 1 kg.

Kip: ZM Preußen: 600 Stück.

Kiste: ZM f. Glas = 20 Bund. Mineralwasser = 100 Flaschen. Französ. Rotwein = 48 Flaschen. Weißblech = 225 Tafeln.

Klafter: 1. LM in Metern angegeben. Bayern: (s. 1811) 1,751. Bremen: 1,736. Frankfurt/M.: 1,708. Graubünden: 2,1. Hamburg: 1,719. Hannover: (s. 1836) 1,753. Hessen, GrHztm.: (s. 1818) 2,5. Österreich: 1,897. Preußen: 1,833; f. Steine, Mauerwerk und Torf 1,495. Sachsen: (s. ca. 1840) 1,8. Sankt Gallen: 1,845. Schaffhausen: (vor 1840) 1,787. Schleswig-Holstein: 1,719. Schweiz: (ab 1840) 1,8. Tirol: 2,005. Weimar: (s. 1810) 1,692. Wien: 1,897. Zürich: (vor 1840) 1,808.
2. FM in Quadratmetern. Hessen: 6,25. Österreich: 3,595.
3. RM in Kubikmetern. Für Brennholz u. a. Baden: 3,89. Bayern: (vor 1811) 3,889; (ab 1811) 3,133. Braunschweig: 5,019. Coburg: 4,045. Eisenach: 2,372. Frankfurt/M.:

2,905. Fulda: 3,429. Göttingen: (1686) ca. 3,35; (1764) ca. 5,02. Gotha: 2,439. Hanau: 3,429. Hannover: (vor 1836) 3,115 (a. 3,383); (s. 1836) 3,589. Hessen, GrHztm.: (vor 1818) 3,429; (ab 1818) 3,572; f. Erde und Steine 15,625. Hessen-Homburg: 3,32. Karlsruhe: (s. 1810) 3,888. Köln: (vor 1816) 4,558. Lippe-Bückeburg: (1850) 5,233; (1870) 5,273. Lippe-Detmold: auch f. Nutzholz (1826) 1,505; (1857) 1,454; (1870) 5,242. Mannheim: Neckarmaß 2,954; Waldmaß 3,608. Meiningen: 3,502. Meisenheim, Oberamt: (alt) 2,86; (ab 1829/37) 3,0. Nassau: (vor 1829) 3,888. Österreich: (30-zölliger) 2,842; (36-zölliger) 3,411; (24-zölliger) 2,27. Preußen: (s. 1816) 3,339. Rheinpfalz: 3,58. Rudolstadt: Oberherrschaft 2,427; Unterherrsch. 2,832. Sachsen: (vor 1840) 0,729; (s. ca. 1840) 2,453. Schaumburg-Lippe: *siehe Lippe-Bückeburg.* Schleswig-Holstein: Brennholz 2,118; Nutzholz 2,542. Schwarzburg-Sondershausen: Oberherrschaft 2,84. Trier: (vor 1816) 4,867. Weimar: (s. 1810) 2,825. Wien: 2,802. Wiesbaden: (1840) 3,888. Württemberg: (auch Meß genannt) 3,386. Zürich: (vor 1840) 2,632; f. Nutzholz 3,685.

Klanke: GM Mark, Grfsch.: f. Flachs 58,36 g.

Kleinhundert: ZM Danzig: (16. Jh.) 120 Stück.

Kleinstein: GM Danzig: (16. Jh.) 10,455 kg.

Kleuder (Kleuth): GM in Kilogramm. Fulda: 10,709. Hanau: 52,618. Hessen-Kassel: f. Wolle (s. 1820) 10,169.

Klosterschuh: LM Neresheim/Württ.: 31,17 cm.

Kluppet: ZM Nürnberg: 4 Stück.

Knechtshufe: FM Bayern: 12,42 ha.

Königshufe: FM in Hektaren. Alemannisch: 28,37. Bayern: 31,05. Niedersachsen: 45,958. Sachsen: 47,714.

Köpfchen: HM in Litern. Crayenberg/Thür.: GtM 2,969. Frauensee/Thür.: GtM (1850) 2,971. Fulda: (vor 1818) 1,364; (1850) 1,372; GtM (1850) 2,969.

Köpfel: HM Regensburg: (vor 1811) 0,833 ltr.

Kohlenbütte: HM Frankfurt/M.: (1890) 121,2 ltr. Hanau: (1850) 152,65 ltr.

Kohlenkorb: RM Zürich: f. Holzkohlen (vor 1840) 0,376 cbm; (ab 1840) 0,324 cbm.

Kohlenmaß: RM Hessen, GrHztm.: (ab 1818) f. Holzkohlen 625,01 ltr.

Kohlenscheffel: HM Lippe-Detmold: (1857) 88,516 ltr; (1826) 88,582 ltr.

Kolonistenhufe: *siehe Königshufe.*

Kommerzlast: GM Hamburg: (bis 1858) 2420,6 kg; (ab 1858) 2500 kg; in Hamburg wurden für Vermessung fremder Schiffe 6000 Pfund berechnet: 2904,72 bzw. 3000 kg. Schleswig-Holstein: 2500 kg,

Kopf: 1. GtM Aachen: 6,526 ltr. Freiburg/Schweiz: 31,936 ltr.
2. FlM Winterthur: WM (vor 1840) 2,692 ltr. Zürich: WM (vor 1840) 3,686 ltr.

Korb: 1. GM in Kilogramm. Mark, Grfsch.: örtlich schwankend zwischen 263,2 und 338,4. Wursten, Land: f. Torf 19,607.
2. RM Sachsen: f. Erz 17,98 ltr.

Korn: AG in Milligramm. Lippe-Detmold: (1857/1870) 16,7. Mark, Grfsch.: (s. 1858) 17. Sachsen: 16.

Kornmalter: GtM f. Hartkorn. Nürnberg: (s. 1811) 1,591 hl. Würzburg: (vor 1811) 1,728 hl.

Kornmetze: GtM f. Hartkorn, in Litern. Nürnberg: (s. 1811) 19,884. Schweinfurt: (vor 1811) 24,79. Würzburg: (vor 1811) 21,602.

Kornsimmer: GtM f. Hartkorn, in Litern. Ansbach: 337,1. Coburg: (s. 1811) 90,417. Nürnberg: (s. 1811) 318,1.

Kornstar: FtM Tirol: (alt) 30,544 ltr; (1850) 30,578 ltr.

Krämerelle: LM Augsburg: 60,637 cm.

Krämerpfund (o. Kronpfund): *siehe Pfund.*

Krinne: GM Graubünden: (vor 1838) große ~: 693,907 g; kleine ~ 520,429 g.

Kros: BM in Litern. Lübeck: (1850) 0,941. Land Wursten: 1,417.

Krue: GtM in Litern. Emden: (1850) 1,531. Ostfriesland: (um 1800) 1,717.

Krügel: FlM Österreich: 0,53 ltr.

Krug: FlM, FtM in Litern. Aurich: (1836) 1,4. Emden: 1,531. Hannover: (ab 1836) 1,385. Leer: (1836) 1,38. Norden: (1836) 1,35.

Kubik...: Um die mit diesem Wortteil beginnenden Raummaße zu ermitteln, bringe man die entsprechenden Werte der Längenmaße Fuß, Rute, Lachter, Schuh und Zoll in die 3. Potenz. (Vgl. Einleitung S. 8).

Kubikstab: war in den Jahren 1872 bis 1884 ein gebräuchlicher Ausdruck für den Kubikmeter.

Kübel: HM in Litern. Hohenzollern: f. Mörtel 7,348. Württemberg: f. Mörtel 7,348.

Küpfli: GtM Basel: 4,042 ltr.

Kufe: HM in Litern. Preußen: BM 458,0. Sachsen, Kgr.: 785,9 (auch 673,6 gen.). Württemberg: f. Kalk 73,482.

Kuhgrasen: Weidemaß im Land Wursten. *Siehe Jück.*

Kumm: HM Lüneburg: f. Sole (1737) 32,093 hl.

Kummt: RM Preußen: f. Torf 4,278 cbm.

Kumpf: FtM in Litern. Hessen, GrHztm.: (vor 1872) 8,01. Mainz: (alt) 6,837. Wiesbaden: (alt) 6,837.

L

Lachter: 1. HM Schweiz: (s. 1840) 45 ltr.
2. LM im Bergbau. Angabe nach Metern. Im Bereich der Oberbergämter Bonn, Breslau, Clausthal, Dortmund und Halle/Saale galt der Lachter 2,092 m. In Einzelgebieten fand ich allerdings diese Varianten: Altbayern: 1,97. Altenberg: 1,985. Anhalt-Köthen: 2,041. Annaberg: 1,983. Bayern: 1,970. Bayreuth: 2,035. Berchtesgaden: 1,752. Böhmen: 1,918 (auch: 2,381). Braunschweig: (vor 1837) 1,758; (ab 1837) 1,919. Clausthal: (1850) 1,924. Eisleben: 2,011. Freiberg/Erzgeb.: 1,943. Gotha: 1,982 (auch 1,969). Hannover: (vor 1836) 1,95; (ab 1836) 1,919. Harzgerode: 2,041. Idria/Österr.: 1,957. Joachimsthal/Böhmen: 1,918. Johanngeorgenstadt: 1,981. Krain: 1,957.

Kronach: 2,127 (auch 2,103). Lippe-Bückeburg: 2,031. Lippe-Detmold: (1870) 2,316. Mansfeld: 2,015. Marienberg/Sachsen: 1,985. Nassau: 2,092. Oberharz: 1,92 (auch 2,092). Österreich: 1,896. Pfalz: 2,0 Preußen: 2,092. Rudolstadt: 2,117. Sachsen: (ab 1830) 2,00. Schaumburg-Lippe: *siehe Lippe-Bückeburg*. Schlesien: 1,92, Tirol: 1,595. Troppau: 1,92. Württemberg: 2,005. Zweibrücken: 1,943.

Lachterfuß: LM im Bergbau. Braunschweig: (s. 1837) 28,6 cm.

Lachterzoll: LM im Bergbau in Zentimetern. Braunschweig, Hztm.: (vor 1837) 2,2; (ab 1837) 2,399. Hannover: 2,483. Preußen: (seit 1816) 2,616.

Lädi: GtM Graubünden: 13,197 hl.

Lägel: 1. GM Steiermark: f. Stahlwaren 70,002 kg; f. Hanf 1 Pack von 1 kg.
2. FlM Schweiz: WM 45,193 ltr.

LäP: GM Breslau: (1850) 9,733 kg.

Laib: GM Appenzell: f. Fettkäse 29,083 kg; f. Magerkäse 18,613 kg.

Laken: LM für Leinwand. 24 Ellen je nach regionaler Einheit.

Land: FM Bremen: ca. 15 ha.

Landelle: LM Sachsen: 28,3 cm.

Landfaß: FlM Bern: (vor 1838) 10,027 hl.

Landfläche: FM Kurmark: 56,738 a.

Landfuß: LM Trier: (vor 1816) 29,375 cm.

Landhufe: FM Mecklenburg: 20,812 ha. Pommern: 18,724 ha (auch 19,653 ha genannt.)

Landmannsfuß: FM Aachen: 0,08 qm.

Landmaß: WM Zürich: (vor 1840) 1,834 ltr.

Landmaßfuß: LM Aachen: 28,2 cm.

Landmeile: LM in Kilometern. Calenberg: (um 1810) 9,232; (ab 1836) 9,347. Hannover, Kfstm.: (18. Jh.) 9,323; (Kgr. ab 1836) 9,347.

Landmorgen: FM in Aren. Köln: 31,766. Neumark: großer ~ 75,651.

Landrute: LM in Metern. Neumark: 5,028. Sachsen: 4,531. Trier: 4,7.

Landscheffel: FM Sachsen: 27,7 qm.

Landseil: LM in Metern. Böhmen: 30,96. Schlesien: 25,316.

Last: 1. Schiffsfrachtgewicht in Kilogramm. Allgemein: (s. 1872) 2000; f. Kohlen 3000. Bremen: f. Kohlen 3000. Halle/Saale: f. Salz 1515,384. Hamburg: (vor 1858) 2352,797; (ab 1858) 3000. Hannover: (ab 1836) 1500. Lübeck: (vor 1858) 2352,797. Lüneburg: f. Salz 1876,81. Österreich: besondere ~ (1850) f. Metalle 2240,048; f. Wolle u. Federn 1120,024; f. Mandeln 1680,036. Papenburg: (um 1790) 1921,48. Preußen: f. Kohlen (ab 1858) 3000. Sachsen: 2000. Schleswig-Holstein: 2600. Wursten, Land: (vor 1836) 2352,797.
2. RM f. Schiffsgrößen. Bremen: a. Roggenlast gen. 6,371 cbm.
3. FM in Hektaren. Lübeck: innerhalb d. Landwehr 12,198; außerhalb d. Landwehr 14,231. Mecklenburg: 13,007.
4. ZM in Norddeutschland üblich für Heringe: ca. 800 Stück, für Bücklinge 2500 Stück.

5. GM in Kilogramm angegeben. Deutschland allgemein: (ab 1872) 3000. Braunschweig: (15. Jh.) ~ zur Fuhre 959,72; (16. Jh.) gewogene ~ 799,767: (18. Jh.) 1599,54. Bremen: (16./17. Jh.) 917,0; *siehe auch Schiffslast.* Frankfurt/M.: (1850) 2021,388; f. grobes Seesalz 1819,249: f. Heringe, Tran, Teer und Pech 1212,833. Hamburg: Kommerz~ 3000. Lippe-Detmold: f. Heringe, Bier, Hopfen 2274,48; f. Salz und Butter 3412,72. Lüneburg: (17./18. Jh.) 1632,288. Mark, Grfsch.: Feinsalz 1925; Grobsalz 2340; (ab 1835 einheitl.) 1870. Österreich: (alt) 1120,12; (19. Jh.) f. Reis, Eisen, Kupfer, Blei 2400; f. Mandeln 1800; f. Spezereien, Wolle, Federn 1000. Preußen: (ab 1816) 3068,82, Rothenfelde/Osnabr.: 1586,34. Wursten, Land: (1700/1868) f. Muscheln und Getreide 2117,502; (ab 1868) 2000; f. Torf 274,49.

6. HM in Hektolitern angegeben. Boitzenburg/Elbe: GtM (1850) 38,872. Braunschweig: GtM 31,145. Bremen: GtM (1826) 29,642; (1870) 31,618. Danzig: 31,02; GtM 30,905; große ~ 46,356. Delmenhorst: GtM (1850) 37,44. Emden: 29,4. Hamburg: GtM Hartkorn 31,64 (auch 32,977 gen.); Weichkorn: 21,985. Hannover, Kgr.: GtM (ab 1837) 29,906. Holstein: GtM 33,389; Salz 25,042. Jever: GtM (alt) 29,66; (19. Jh.) 29,819. Kleve: GtM (alt) 32,16. Königsberg: GtM (1552) 30,84; (18. Jh.) 30,888; BM 17,16. Lippe-Bückeburg: GtM 16,88. Lippe-Detmold: BM (1826) 8,918; Salz, Butter 13,38. Lübeck: GtM (vor 1829) Hartkorn 32,64; (ab 1829) 33,306; Weizen: (vor 1829) 37,92; (ab 1829) 36,403; Hafer (1850) 37,933. Lüneburg: (1693–1836) 31,10. Mecklenburg-Schwerin: 37,334. Münster/Westf.: GtM 28,394. Oldenburg: GtM 32,833. Osnabrück: GtM (vor 1836) 28,703. Preußen: GtM 32,977; f. Kohlen 39,572. Rostock: GtM (1800) 37,223; (1850) 37,333.

Lautermaß: WM Winterthur: (vor 1840) 1,346 ltr.

Leggeelle: LM in Metern. Calenberg: 0,585. Hameln: (um 1800) 1,164; (1850) 1,221. Lemförde: (um 1800) 1,164; (1850) 1,221. Lippe-Detmold: (1857) 1,35; (1870) 1,22. Osnabrück: (vor 1836) 1,164; (1850) 1,221. Rothenfelde/Osnabr.: 1,22.

Lehe(n): FM Passau 29,924 ha.

Lehn: 1. LM im Bergbau. Rheinland: 14,644 m.
2. FM im Bergbau. Mansfeld, Grfsch.: ca. 58,72 a. Rheinland: 5,72 a. Sachsen: (1699) 14,853 ha.

Leinwandelle: LM Osnabrück: (1850) 63,84 cm.

Liespfund: GM in Kilogramm angegeben. Braunschweig: (1720) 6,548; zur Frachtberechnung 7,95. Bremen: (um 1500) f. Salz 6,82. Danzig: (16. Jh.) 6,97. Emden: 6,82. Hamburg: (vor 1800) 8,82; (19. Jh.) 7,758. Hannover: 6,552. Königsberg: (1719) 6,846; (1800) 5,718. Lüneburg: (18. Jh.) 6,801; (ab 1784) 7,83. Mecklenburg-Strelitz: (1750) 6,548. Rostock: (1850) 6,786 od. 7,803. Sachsen: (s. 1840) 5,0.

Linie: LM in Millimetern. Baden: 3. Bayern: (s. 1811) 2,027. Braunschweig: (s. 1837) 1,982. Frankfurt/M.: 1,98. Hannover: (s. 1836) 2,028. Hessen, GrHztm.: (s. 1818) 2,5. Hohenzollern: (s. 1840) 2,86. Homburg: (s. 1825) 3,33. Kassel: (s. 1838) Duodez~ 2,0; Dezimal~ 3,989. Leipzig: 1,996. Lippe-Detmold: (1870) 2,011. Meiningen, Stadt: 2,03. Meisenheim, Oberamt: 2,31. Nürnberg: 2,11. Österreich: 2,195. Oldenburg: (s. 1836) 2,05. Preußen: (s. 1816) 2,179. Rheinland: (s. 1816) 2,179. Sachsen-Anhalt: 1,967. Sachsen-Meiningen: 2,18 (s. a. Meiningen, Stadt). Schleswig-Holstein: 1,99. Weimar: (vor 1872) 1,96. Wien: (1851) 2.195. Württemberg: (1557) 1,97; (1806 bis 1871) 2,865.

Linmetz: HM Hessen, GrHztm.: 40,184 ltr.

Lippe: WM Leipzig: 4,042 hl.

Loch: GtM Braunschweig: 1,947 ltr (= Metze).

Lögel: WM Meisenheim, Oberamt: 50 ltr.

Looper: GtM. Emden: 91,213 ltr. Ostfriesland: 82,389 ltr.

Lop(p): LM f. Garn. Allgemein: 2340 m. Braunschweig: (s. 1837). Hauslopp 1926,196 m; Werklopp 2140,22 m. Bremen: 1953,11 m. Hannover: 1971,639 m.

Lot: 1. GM in Gramm angegeben. Baden: (s. 1810) 15,625. Bayern: (s. 811) 17,5. Braunschweig: (s. 1837) 14,616. Bremen: (bis 1857) 14,688; (ab 1858) 15,625. Danzig: 13,613. Darmstadt: (1858) 15,625. Frankfurt/M.: (1858) 15,625. Hamburg: (bis 1867) 15,144. Hannover: (s. 1837) 14,616. Hessen, GrHztm.: (vor 1818) 16,667; (s. 1818) 15,625. Hohenzollern: (s. 1840) 15,625. Homburg: (s. 1825) 15,625. Kassel: 15,133; Leichtgew. 14,619. Köln: (s. 1816) f. Silber 14,616. Lippe-Bückeburg: 14,6. Lippe-Detmold: (s. 1858) 16,667. Lüneburg: (15.–18. Jh.) 15,181. Mark, Grfsch.: (1816–1858) 14,62. Nassau: (1837) 15,625. Österreich: (18. Jh.) 17,502; (1850) 14,62. Oldenburg: (s. 1836) 15,01. Preußen: (vor 1816) 14,606; (s. 1816) 14,616. Sachsen: (um 1830) 15,579; (vor 1872) 15,625. Schweiz: (s. 1840) 15,625. Weimar: (vor 1872) 14,616. Württemberg: (bis 1856) 14,612; (s. 1857) 15,625.
2. AG in Gramm. Bayern. (s. 1811) 15,0. Lippe-Detmold: (1826) 14,125; (s. 1858) 16,666.
3. MG in Gramm. Augsburg: (1850) 14,745. Hessen, GrHztm.: (ab 1818) 14,616.

Lowry: GM in Kilogramm. Böhmen: f. Steinkohlen 5000; f. Braunkohlen 10 000.

M

Maasen: *siehe Maß 2.*

Maatje: HM Emden: (1850) 0,086 ltr. Hannover: 0,087 ltr.

Mäß: 1. HM in Litern angegeben. Bern: GtM (vor 1838) 14,011. Freiburg/Schweiz: GtM (1850) 15,968. Freiburg/Br.: FlM 1,996. Regensburg: *siehe Muth.* Solothurn: GtM (1850) 13,2. Zürich: f. Salz (vor 1840) 82,816.
2. RM Heidelberg: f. Brennholz 2,039 cbm.

Mäßchen: 1. FM Sachsen: (vor 1872) 45 qm.
2. HM in Litern. Aachen: WM 0,067. Altenburg/Thür.: 2,296. Dresden: GtM (1850) 1,622. Eisenach: GtM (1850) 2,28. Gotha: GtM (1850) 2,729. Hessen, GrHztm.: (vor 1872) 0,5. Hessen-Homburg: (s. 1825) 1,563. Hessen-Kassel: GtM (vor 1820) 2,512; (s. 1820) 1,256. Kreuzburg/Thür.: GtM (1850) 3,313. Mainz: GtM (vor 1818) 0,427. Meisenheim, Oberamt: (um 1840) 1,563. Mühlhausen/Thür.: GtM 2,521. Münster/Westf.: GtM 0,485. Nordhausen: GtM 3,803. Rudolstadt: Unterherrschaft GtM 2,852. Sachsen-Weimar: GtM (1850) 2,28. Trier: (vor 1816) *siehe Quart.*

Mäßel: GtM Heidelberg: ca. 3,5 ltr.

Mäßl: HM Regensburg: (vor 1811) f. Mehl im Kleinhandel 6,665 ltr.

Mäßle: GtM Troppau/Österr.-Schlesien: 1,201 ltr.

Mäßlein: GtM in Litern. Graubünden: (vor 1838) 1,875. Sankt Gallen: (vor 1840) 5,163. Schaffhausen: (vor 1840) Hartkorn 1,413; Weichk. 1,592. Stein am Rhein: (vor 1840) Hartkorn 1,018; Weichkorn 1,174.

Mäßli: HM in Litern. Schaffhausen: 1,413. Winterthur: GtM (vor 1840) Hartkorn 1,505; Weichkorn 1,734. Zürich: FlM 1,283; GtM (vor 1840) Hartkorn 1,294; Weichkorn 1,303. Zug/Schweiz: GtM (vor 1840) Hartkorn 1,403; Weichkorn 1,41.

Mahlmetze: GtM Lippe-Detmold: (1857–1870) 1,845 ltr.

Mais: GM Siegen: f. geschmiedeten Stahl 66,372 kg.

Mal: LM f. Leinwand. Lippe-Detmold: (1826) 6,948 m.

Malgen: Westfälische Drahtlehre: 4,7 mm Dicke.

Malt: GtM in Hektolitern. Lippstadt: (bis 1841) 9,045. Soest: (bis 1841) 7,217.

Malter: 1. HM in Litern. Aachen: GtM 148,268. Aarau/Schweiz: GtM 360,3. Altenburg/Thür.: 293,944. Appenzell: GtM 147,7. Baden: (s. 1810) 150. Böhmen: 112,3. Braubach b. Wiesb.: GtM (vor 1840) Hartkorn 246,45; Weichkorn 266,4. Coburg: 167,1. Crayenburg/Thür.: 190. Darmstadt: (vor 1818) 112,333; (1850) 128. Dortmund: (bis 1841) Stadtmaß 158,938; Reichsmaß 175,254. Düsseldorf: GtM (vor 1816) 165,84. Eisenach: GtM (1850) 304,687. Erfurt: GtM 715,358. Frankfurt/M.: (1850) 114,729. Frauensee/Thür.: 190,165. Fröndenberg: 181,853. Fulda: (um 1800) 174,122; (s. 1810) 175,578. Gotha: FlM (1850) 174,647. Hagen/Westf.: (1714/1841) 183,197. Hanau: (1850) 122,122. Hannover: (bis 1714) 159,2; (ab 1836) 186,91. Hechingen/Württ.: kurzer ~ (1557) 187,47; (1826) 186,2. Heidelberg: GtM (alt) Hartk. 111,416; Weichkorn 125,343. Hessen, GrHztm.: GtM (vor 1818) 643; (ab 1818) 128. Hildesheim: GtM (vor 1836) 158,7 (auch 155,6). Höchst: GtM (1850) 114,729. Homburg: (vor 1825) 128; (s. 1825) 100. Hoya/Weser: (1714) 175. Iserlohn: (bis 1841) 260,555. Kaltennordheim/Thür.: (s. 1810) 167,5. Karlsruhe: GtM (ab 1810) 150. Kassel: (um 1825) 643. Kleve: (vor 1816) 214,4. Koblenz: GtM (vor 1816) 192,366. Köln: GtM (vor 1816) 143,54. Krefeld: GtM 137,512. Kreuzburg/Thür.: (s. 1810) 212,046. Limburg/Lahn: GtM (vor 1840) 200,022. Lippe-Bückeburg: (1850) 105,5. Lippe-Detmold: (1826) Hartkorn 416,328; (1870) 530,424; Weichkorn (1826) 474,168; (1870) 620,088. Mainz: (vor 1818) 109,388. Mannheim: GtM Hartk. 111,08; Weichkorn 124,96. Meiningen: 167,1. Meisenheim, Oberamt: (vor 1872) 100. Mühlhausen/Thür.: (1850) 161,613. Münster/Westf.: (vor 1816) 279,228. Nürnberg: siehe Korn~ u. Hafer~. Oldenburg: GtM (auch Molt gen.) (1850) 273,636. Osnabrück: (ca. 1500) 347; (vor 1836) 244,4. Paderborn: GtM (vor 1816) f. Roggen 218,709; f. Gerste 291,608; f. Hafer 437,412. Preußen: (vor 1816) 1374; (s. 1841) 659,544. Sachsen: (vor 1840) 1247,82; (ab 1840) 1245,9. Sachsen-Weimar: *siehe Weimar.* Sankt Gallen: GtM (vor 1840) 165,2. Schaffhausen: GtM (vor 1840) Hartkorn 180,824; Weichkorn 203,792. Schwarzburg-Sondershausen: GtM (1850) 727,1. Stein am Rhein: GtM (vor 1840) Hartkorn 130,304; Weichkorn 150,256. Trier: GtM (vor 1816) f. Roggen 213,2; f. Gerste 236,97; f. Hafer 329,7. Waldeck: GtM (1850) 205,658. Weimar: GtM (s. 1810) 150,588; in den jeweiligen Grenzgebieten gebräuchlich: Eisenacher ~ 304,687; Fuldaer ~ 175,122; Erfurter ~ 715,358. Wesel: GtM (vor 1816) 143,54. Wiesbaden: 109,388. Wintherthur: GtM (vor 1840) Hafer 444. Würzburg: *s. Hafer- u. Kornmalter.* Zürich: GtM (vor 1840) f. Hafer 333,6. Zug/Schweiz: GtM (vor 1840) Hafermaß 360,88.
2. GM Köln: GtM f. Weizen ca. 117 kg; f. Roggen ca. 108 kg; f. Gerste ca. 105 kg; f. Hafer ca. 63 kg.
3. RM in Kubikmetern angegeben. Für Brennholz. Braunschweig: (vor 1837) 1,99; (ab 1837) 1,859. Harz: (bis 1837) 1,86; (ab 1837–1871) 1,994. Schwarzburg-Sondershausen: (1850) 1,523.

Malter(saat): FM in Hektaren. Angelbeck/Osnabr.: 1,416. Essen: 0,88. Osnabrück: (um 1500) 1,415.

Malterscheid: FM in Aren. Nördlich der Ruhr: (17./18. Jh.) 64,47. Südlich der Ruhr: (17./18. Jh.) 37,827.

Malzlast: GtM auch große Last genannt. Danzig: 46,356 hl (auch 48,639 hl genannt).

Mandel: ZM 1 große ~ 16 Stück, 1 kleine ~ 15 Stück.

Mannsmahd (a. Mannwerk): FM Württemberg: 47,276 a. *Siehe auch Jauchert.*

Mark: MG in Gramm angegeben. Augsburg: 235,924. Baden: (vor 1810) 233,640; (1837–57) 233,855. Bayern: (vor 1811) 233,95; (1837–57) 233,855. Bern: (vor 1838) 244,753. Böhmen: 255,76. Braunschweig: (vor 1837) 233,641; (ab 1837) 244,753. Bremen: 233,855. Darmstadt: 233,939. Hamburg: 233,855. Hannover: (ab 1837) 233,855. Hessen, GrHztm.: (ab 1837) 233,855. Holstein: (ab 1837) 233,855. Homburg: (ab 1837) 233,855. Kassel: (vor 1837) 233,906; (ab 1837) 233,855. Köln: (vor 1837) 233,779; (ab 1837) 233,855. Lauenburg: (ab 1838) 233,855. Leipzig: 233,812. Lippe-Detmold: (vor 1837) 233,779 (auch 233,812 gen.); (ab 1837) 233,855. Lübeck: 233,682. Nassau: (ab 1837) 233,855. Österreich: (bis 1767) 280,668; (1850) 280,644. Preußen: (vor 1837) 233,696; (ab 1837) 233,855; f. Gold (vor 1837) 17,28. Regensburg: 246,149. Rudolstadt: Oberherrschaft 233,607. Sachsen: (s. 1838) 233,855. Wien: (alt) 280,668; (19. Jh.) 233,89. Winterthur: (vor 1840) 234,87. Württemberg: (1813) 233,793; (vor 1872) 233,855.

Marktlot: *siehe Lot.*

Marktmaß: Weimar: GtM (1850) 0,911 ltr.

Marktnösel: Weimar: GtM (1850) 0,471 ltr.

Mark(t)pfund: GM in Gramm. Bremen: (16. Jh.) f. Salz 486. Danzig: (16. Jh.) 435,61. Lüneburg: (bis 1692) f. Salz 486.

Marktscheffel: GtM in Hektolitern. Nordhausen: 5,476. Rudolstadt, Unterherrschaft: 5,476.

Marktviertel: GtM Rorschach/Schweiz: 19,12 ltr. Sankt Gallen: 19,44 ltr.

Marschmorgen: FM in Aren. Kehdingen/Niederelbe: 10,477. Krempe/Schlesw.-Holst.: 10,310. Wilstermarsch: 9,695.

Marschrute: LM Hamburg: 4,012 m.

Massel: FlM Baden: 1,5 ltr. Bayern: 2,32 ltr. Österreich: 6,15 ltr. Württemberg: 0,35 ltr.

Maß: 1. HM in Litern angegeben. Aachen: GtM 39,158. Aarau/Schweiz: FlM 1,441. Ansbach: FlM 1,341. Arnstadt: GtM 149,033. Augsburg: Visier~ 1,777; Schenk~ 1,049. Baden: (s. 1810) 1,5. Basel: FlM (1850) 1,422; ÖlM 1,55. Bayern: FlM (s. 1811) Schenk~ 1,069; GtM 1,158. Bern: FlM 1,671. Bozen: FlM 0,811. Coburg: FlM 0,919; s. a. Sachsen-Coburg. Crayenburg/Thür.: GtM (1850) 23,75. Darmstadt: BM (vor 1818) 1,952; (ab 1818) 2,0; WM (vor 1818) 1,735. Dornburg: GtM (1850) 11,426. Dorneck/Schweiz: WM (ab 1840) 1,422. Düsseldorf: WM 1,268; BM 1,522. Eisenach: WM, BM (1850) 0,916. Erfurt: (1850) WM 0,844; BM 1,023; GtM 3,726. Frankfurt/M.: (1850) WM Alt~ 1,793; Jung~ 1,608; Baumöl 0,518. Frauensee/Thür.: GtM (1850) 23,771. Freiburg/Schweiz: 1,562. Fulda: FlM (1850) 1,827; GtM (1850) 21,947. Gera: (1850) 6,635. Gotha: FlM (1850) 0,91. Hamburg: großes ~ 1,718;

kleines ~ 0,859; f. Steinkohlen (s. 1825) 223,87. Hanau: (18. Jh.) 1,865; (1840) 1,609. Heidelberg: (1718) 1,977; (1790) 3,353. Hessen, GrHztm.: (vor 1818) WM 1,949; BM 2,185; (ab 1818) allg. 2,0. Höchst: FlM *siehe Mainz*. Hohenleuben: GtM (1850) 4,042. Hohenzollern: WM Helleich 1,837; Trübeich 1,917. Homburg: (s. 1825) 2,0. Jena: GtM (1850) 10,01. Kaltennordheim/Thür.: GtM (1850) 20,938. Kassel: (s. 1820) WM 1,95; BM 2,185; BrM (s. 1821) 1,984. Koblenz: (vor 1816) WM 1,409; BM 1,72; ÖlM 1,276. Köln: WM (vor 1816) Rödder~ 1,381; Zapf~ 1,33. Kranichfeld/Thür.: WM (s. 1810) 1,204. Krefeld: GtM (1850) 22,919. Kreuzberg/Thür.: GtM (1850) 13,253. Lippe-Bückeburg: WM (1850) 1,221. Mainz: WM, BrM, EssigM (1802) 1,883 (auch 1,695); (1850) 0,847; BM (1802/50) 1,886; ÖlM 1,886. Mannheim: WM (vor 1810) 1,994; BM? 3,353. Marburg: 1,85. Mark, Grfsch.: 1,25. Meiningen: GtM 20,888; WM 0,513; BM 1,013. Meisenheim/OAmt: (–1871) 2,0. Mühlhausen/Thür.: WM 1,021; BM 0,874. Nassau: WM 1,694; BM 1,885. Nordhausen/Thür.: FlM 2,187. Nürnberg: GtM 1,243. Österreich: 1,415. Reuß ä. L.: *siehe Zeulenroda*. Reuß j. L.: *siehe Hohenleuben*. Rheinland: 1,783; *siehe auch Köln*. Rudolstadt: Oberherrschaft GtM 0,836; Unterherrschaft WM 1,403. Sankt Gallen: (vor 1840) WM 1,312; f. Leinöl u. Honig 1,357. Sachsen-Coburg: FlM (1850) 0,967. Schaffhausen: WM (vor 1840) 1,315. Schaumburg-Lippe: *siehe Lippe-Bückeburg*. Schwarzburg-Sondershausen: *siehe Sondershausen*. Schweiz: FlM (1850, auch Pott genannt) 1,5. Solothurn: WM (1850) 1,594. Sondershausen: (1850) BM 0,902; BrM 0,992. Thierstein/Schweiz: WM (1850) 1,422. Tirol: 0,811. Trier: (vor 1816) WM und Baumölmaß 1,294; BM und Fettwarenmaß 1,674. Uri/Schweiz: FlM 0,807. Waldeck: FlM (s. 1831) 1,428. Waldkirchen/Bayern: GtM (s. 1811) 9,21. Weimar: (vor 1810) 0,941; (1850) 0,911; regional galten auch folgende Maße: Jenaer, Dornburger, Kaltennordheimer, Frauenseer, Crayenberger, Fuldaer und Erfurter, man siehe dort. Wien: WM, BM (1803) 1,415. Worms: WM (16. Jh.) etwa 2.0; WM, BM (1802) 1,982. Württemberg: FlM (1557) 1,837; WM (18. Jh. bis 1871) Helleich 1,837; Trübeich 1,917; Schenkmaß 1,67. Würzburg: FlM (vor 1811) 1,17. Zeulenroda: GtM (1850) 4,042. Zürich: FlM (ab 1840) 1,825.
2. RM in Kubikmetern. Braunschweig: f. Erz u. Kohlen 0,05. Fulda: f. Erz u. Kohlen 0,022. Meiningen/Thür.: 0,021. Nassau: f. Erze 0,054. Tirol: f. Holzkohlen 0,316.
3. FM in Aren. Oberharz: 29,89. Rheinland: (i. Bergbau) 8,581. Walkenried: 31,71.
4. ZM 1728 Stück.

Maß(e)l: HM in Litern. Bayern: (s. 1811) 4,633. Böhmen: 1,46. Sachsen: (ab ca. 1840) 1,46. Schlesien: 1,46. Wien: FlM großes ~ 1,921; GtM (1850) 3,844.

Maßkanne: HM Bayern: (s. 1811) 1,069 ltr.

Maßkorb: ZM Preußen: (f. Torf) großer ~ 1000 Stück; kleiner ~ 25 Stück.

Maßle: Salzburg: GtM 0,21 ltr.

Matrikularrute: LM Pommern: 4,673 m.

Matte: FM Jever: (1850) Binnenland 57,869 a; Grodenland 23,148 a.

Medizinallot: Rechne $^{1}/_{24}$ des folgenden *Medizinalpfundes*.

Medizinalpfund: AG in Gramm. Altona: 360. Anhalt: 349,832. Baden: (1850) 357,811. Basel: wie Baden. Bayern: 360,031. Braunschweig: 350,812. Hamburg: (1850) 357,628. Hannover: (1850) 350,783. Hessen, GrHztm.: (1850) 357,828. Lippe-Detmold: (bis 1841) 357, 828. Luzern: (1850) 357,86. Mecklenburg: (1850) 350,812. Nürnberg: (1842) 357,828. Österreich: 420,045. Preußen: 350,783. Sachsen: 350,783. Schweiz: (s. 1840) 375. Württemberg: (1850) 357,677.

Medizinalunze: Rechne 1/12 des vorstehenden *Medizinalpfundes.*

Mehlmetze: GtM Lippe-Detmold: 0,712 ltr.

Meile: LM in Kilometern. *Man siehe auch Land- und Postmeile.*
Baden: (vor 1810) 8,889; (s. 1810) 8,944; (1871) 8,0. Bayern: (s. 1811) 7,472; (1871) 7,2. Böhmen: 7,499. Braunschweig: (19. Jh.) 7,419. Bremen: 7,408. Breslau: (1850) 6,482. Calenberg: (vor 1836) 9,323. Darmstadt: (1860) 7,5. Gotha: 7,421. Hamburg: (1850) 7,533. Hannover: (1836) 7,419. Hessen, GrHztm.: (s. 1818) 7,5. Hohenzollern: 7,449. Kassel: 9,206. Lippe-Detmold: (1857) 9,264. Mecklenburg-Strelitz: 7,533. Norddeutscher Bund: (1858) 7,5. Österreich: (1835) 7,634; Post~ 7,586. Oldenburg: (vor 1836) 7,42; (1850) 9,87; Polizei~ 8,876. Preußen: (1819–1870) 7,533; (1870) 7,5. Rostock: (1757–1850) 11,298. Sachsen: (1835) 9,062; (vor 1872) 7,416. Schleswig-Holstein: 8,804. Schweiz: (ab 1840) 4,8. Stuttgart: 7,449. Tilsit: (vor 1816) 8,954. Tirol: 10,691. Ulm: 7,449. Weimar: (s. 1810) 7,359 (auch 7,363 genannt). Westfalen: große ~ 10,044; (vor 1816) 1,139. Württemberg: (s. 1806) 7,449. Zürich: (vor 1840) 9,418.

Memel: Westfälische Drahtlehre: grobe ~ 4,12 mm dick; feine ~ 3,4 mm dick; klinke ~ 2,96 mm dick.

Mengel: 1. FlM in Litern. Bochum: ca. 1,27. Bremen: 0,203; WM 1,074. Emden: ÖlM 1,214. Hamburg: 1,225. Hildesheim: (vor 1836) 5,554.
2. GM in Kilogramm. Bremen: f. Tran (bis 1857) 1,058; (ab 1858) 1,125. Hamburg: 1,25.

Mese: Stahlgewicht. Mark, Grfsch.: 65,8 kg.

Mess: RM (a. Klafter gen.) Württemberg: f. Brennholz 3,386 cbm.

Meßkette: LM Lippe-Detmold: 13,897 m.

Meßle: HM Karlsruhe: 1,5 ltr. Württemberg: Richtwert 1,384 ltr.

Messlein: HM Baden: (ab 1810) 1,5 ltr. Württemberg: (ab 1806) 1,5 ltr.

Meßrute: LM Midlum/im Land Wursten: 2,77 m (= 1/2 Binnenlandrute). Land Wursten: allgemein 3,02 m (= 1/2 Deichrute).

Meste: 1. GtM in Litern. Frankfurt/M.: 14,342. Marburg/Lahn: 25,95.
2. FM in Aren. Magdeburg: (1819–1872) 4,255. Mark, Grfsch.: (1819–1872) 4,255.

Metze: 1. FM in Aren. Lippe-Detmold: (1857–70) kleine ~ 2,146. Österreich: (1851) 19,182. Sachsen: (vor 1840) 2,464; (vor 1872) 1,8.
2. GtM in Litern angegeben. Altenburg/Thür.: 9,186. Apolda/Thür.: (1850) 5,424. Bayern: (s. 1811) 37,059. Berlin: (1773) 3,229; (1869) 3,435. Böhmen: 5,849. Braunschweig: (1704) 7,786; (ab 1837, auch Loch od. Mühlenkopf gen.) 1,947. Bultstedt: (1850) 4,776. Coburg: *siehe Sachsen-Coburg.* Corvey b. Höxter: 10,5. Crayenberg/Thür.: (1850) 11,875. Dornburg/Thür.: (1850) 5,713. Dresden: (1850) 6,489. Eisenach: (1850) 9,521. Erfurt: (1850) 14,903. Frauensee/Thür.: (1850) 11,885. Fulda: (um 1820) 5,458; (1850) 5,487. Gotha: (1850) 10,915. Hamm/Westf.: 3,569. Hanau: 15,265. Hannover: (ab 1714) 1,94; (ab 1836) 7,788. Hildesheim: (vor 1836) 6,613. Jena: (1851) 5,004. Kassel: (s. 1821) 5,023. Kleve: (vor 1816) 3,35. Königsberg: (1800) 3,218. Kreuzberg/Thür.: (1851) 13,253. Lauingen/Württ.: 27,688 (auch 29,075). Lippe-Bückeburg: (1850) 8,242. Lippe-Detmold: (1857) f. Roggen kleine ~ 5,532; große ~ 7,376: (1870) f. Roggen kleine ~ 5,364; große ~ 7,382. Lüneburg: (1693–1836) 1,94. Mark, Grfsch.: 3,435. Meiningen/Thür.: 41,775; FlM 5,229. Mühlhausen/Thür.: 10,082.

München: (s. 1811) 37,06. Österreich: 61,487. Pommern: (1773) 3,229. Preußen: (ab 1816) 3,435. Regensburg: (vor 1811) 18,329 (auch FlM). Rostock: (1850, auch Spint gen.) 2,431. Rot am See/Württ.: 37,06. Rudolstadt: Oberherrschaft 11,712 (doch z. T. sehr verschiedene Größen); Unterherrschaft 5,704. Sachsen: (vor 1840) 6,489 (auch 5,849 gen.); (ab 1840) 6,25. Sachsen-Coburg: Hartk. 5,559; Weichk. 6,903. Salzburg: 10,073. Schaumburg-Lippe: siehe Lippe-Bückeburg. Schlesien: 5,849. Schwarzburg-Sondershausen: (s. 1774) 11,361. Troppau/Österr.–Schlesien: (vor 1816) 4,802. Ulm: (vor 1806) 9,575; (s. 1806) 9,692. Waldeck: (1850) 8,569. Weiltingen/Württ.: 28,74. Weimar: (1851) 4,706; regional waren auch folgende Metzen in Gebrauch: Dornburger, Eisenacher, Frauenseer, Crayenberger, Fuldaer, Apoldaer, Bultstedter und Dresdener Metzen; WM 4,81. Wien: (1851) 61,504. Wiesensteig/Württ.: 37,572.

Milchmäßli: FlM Zürich: (vor 1840) 0,489 ltr.

Milchmaß: FlM Zürich: (vor 1840) 1,957 ltr.

Millas: GM Sachsen: (vor 1872) 50 g.

Minkel: GtM Koblenz: (vor 1816) 1,503 ltr.

Minute: LM Neuenburg/Schweiz: 1,795 cm.

Mitt(e)len: GtM in Litern. Ehingen/Württ.: (1806/10) 28,463. Ulm, Stadt: (vor 1806) 57,45; (nach 1806) 60,162.

Mött (Mutt): HM Marburg/Lahn: 103,8 ltr.

Molt: 1. HM *siehe Malter.*
2. LM Minden/Westf. 1,3 m. 3. FM Lippe-Detmold: 2,06 ha.

Moltgarnhaspel: LM Bünde/Westf. 1,4 m.

Moor: FM Ostfriesland: 31,47 a.

Morgen: FM in Aren angegeben. Aachen: 30,533. Aalen/Württ.: Acker, Garten 63,035; Wald 84,046; Wiesen 75,642. Adolzfurt/Württ.: großer Wald~ 55,135; Pfälzer ~ 29,416. Altes Land: 104,8. Aschaffenburg: 17,1 Baden: (s. 1810) 36. Bartenstein/Württ.: großer ~ 60,723; kleiner ~ 35,59. Bayern: (s. 1811) 34,073. Blaufelden/Württ.: 60,715. Böhmen: 32,045. Braunschweig: (s. 1837) Feldmaß 25,016; Waldmaß 33,354. Bremen: 25,72. Breslau: (16. Jh.) 62,007; (1850) 56,01. Calenberg: (vor 1836) 26,377; (ab 1836) 26,61. Crailsheim/Württ.: 46,607. Creglingen/Württ.: 16,845. Danzig: 55,55. Dortmund: 52,9. Ellwangen/Württ.: 48,726. Engern/Westf.: 25,532. Essen/Ruhr: 42,288. Esslingen/Württ.: Wald~ 61,383. Franken: kleiner ~ 23,5 (auch 21,3 gen.); großer ~ 30,7. Friedberg-Scheer/Württ.: 48,311. Fulda: (1850) 18,437. Gaildorf/Württ.: 47,44; im Schmiedelfeldischen bei Viehweiden 56,928; b. Äckern 53,37; b. Wiesen 49,812; b. Gärten 47,589. Gammesfeld/Württ.: Acker 55,861. Gerabronn/Württ.: 47,717. Gmünd/Württ.: 32,617. Hadeln, Land: 11,78. Hall, Schwäb.: Garten 43,539; Acker 48,83; Wald 52,084. Haltenbergstetten/Württ.: 24,017; Rothenburger ~ 55,726. Hamburg: (1850) 96,577. Hanau: (1850) 20,386. Hannover: (vor 1836) 26,08; (ab 1836) 26,21. Harburg b. Hamburg: 10,484. Heidelberg: (vor 1810) 37,735. Heilbronn: 29,489. Herrenzimmern/Württ.: 34,157. Hessen, GrHztm.: (s. 1818) 25. Hildesheim: (vor 1836) 24,114. Höchst: (vor 1840) 22,695. Hohenleuben/Thür.: (1850) 22,695. Hohenzollern: 31,514. Homburg: (ab 1825) 19,065. Horb/Württ.: 32,259. Jagstberg/Württ.: (18. Jh.) 42,696; (Neuvermessung vor 1806) 21,348. Jagsthausen/Württ.: 24,722. Karlsruhe: (s. 1810) 36. Kirchhausen/Württ.: 31,428. Kleve: (vor 1816) 85,241 (auch 85,108 gen.). Koblenz: (vor 1816) 34,595. Kocherstetten/Württ.: 35,581. Köln: (vor 1816) 31,716; (s. 1816) 31,766. Königsberg: (vor 1816)

62,655. Korb/Württ.: 22,658. Krefeld: 31,742. Küstrin: 68,725. Kulm: (vor 1816) 56,032; (neuer ~) 57,796. Kurmark: großer ~ 56,738. Laibach/Württ.: 26,071. Langenburg/Württ.: 60,724. Lauchheim/Württ.: 48,033. Leipzig: 32,732. Lippe-Bückeburg: 25,853. Lippe-Detmold: 25,749. Magdeburg: 25,532. Mannheim: 37,735. Mark, Grfsch.: (bis 18. Jh.) großer ~ 56,738; kleiner ~ 25,32. Mecklenburg-Schwerin: 52,028. Mecklenburg-Strelitz: (um 1800) 65,036; (1850) 21,679. Meisenheim, Oberamt: (s. 1825) 25. Mergentheim/Württ.: Feld~ 21,197; Wald~ 23,552. Nassau: (s. 1825) 25. Neumark: (vor 1816) 75,651. Nitzenhausen/Württ.: 60,724. Nürnberg: (vor 1811) 47,309; (s. 1811) 28,486. Obereichsfeld: 26,596. Öhringen/Württ.: kleiner Öhringer oder Hohenloher ~ 35,286. Oldenburg, GrHztm.: (vor 1836) 122,562 (auch 126,064 gen.); (ab 1836) 22,56. Olnhausen/ Württ.: 24,312. Osnabrück: (1776) 35,46. Ostelbien: alter ~ 51,065; neuer ~ 25,532. Ostfalen: 25,532. Pommern: 65,511. Preußen: (s. 1816) 25,532; (bis 18. Jh.) großer ~ 56,738. Pyrmont: (1850) 25,532. Radolfzell/Württ.: 34,419. Reuß ä. L.: (um 1820) 25,532. Reuß j. L.: (1850) 22,695. Rheinland: (vor 1816) 102,132; (s. 1816) 25,532. Rossach/Württ.: 22,261. Rothenburg o. d. T.: kleiner ~ 23,9. Rothenburg/Württ.: 28,518. Saalfeld: 18,406. Sachsen, Kgr.: 27,671. Schaumburg-Lippe: *siehe Lippe-Bückeburg.* Schlatt unter Krähen/Württ.: 41,032. Schleiz: (1850) 22,695. Schlesien: 55,97. Schnellendorf b. Falkenberg: (17. Jh.) 62,007. Schöntal/Württ.: (vor 1806) Krautheimer ~ 26,042; (s. 1806) 38,324; Orendelsaller Feld ~ 27,592; Orendelsaller Wald~ 49,751. Schwaigern/Württ.: Wiesen 29,291; Acker 33,411; Wald 37,883. Soldin: 58,612. Stade: 10,484. Stedingerland: 12,256. Thorn: (vor 1816) 223,9. Trier: (vor 1816) 35,345. Untereichsfeld: 27,3. Waldeck: kleiner ~ 26,079; großer ~ 34,772; (ab 1858) 26,257. Weikersheim/Württ.: 24,017. Weil der Stadt/Württ.: Acker u. Wald 29,349; Wiesen, Gärten, Weinberge 44,188. Widdern/Württ.: 22,955. Wiesbaden: (1840) 25. Wiesensteig/Württ.: 34,157. Württemberg: (vor 1806)) 31,519; (s. 1806) 31,517; *man beachte auch die Einleitung Seite 6.* Würzburg: (vor 1811) zwei verschiedene ~ 19,875 und 24,843.

Müdd (Müdt): *siehe Mütt.*

Müdde: HM in Litern. Basel: 16,167. Rheda/Westf.: 45,6. Rietberg/Westf.: 49,4. Soest: (bis Nov. 1841 gebr.) 60,141. Wiedenbrück: 32,5.

Müddesaat: FM Wiedenbrück/Westf.: ca. 14 a.

Mühlenkopf: GtM Braunschweig: 1,947 ltr. auch = Metze. Hannover: auch Hoop gen. 1,947 ltr.

Mühlmaßel: GtM Wien: (1850) 0,961 ltr.

Münkel: GtM Braubach b. Wiesbaden: (vor 1840) Hartkorn 1,925 ltr.; Weichkorn 2,081 ltr.

Münzpfund: GM (1857–1871) 500 g.

Mütt: HM in Litern. Aachen: GtM 234,946. Appenzell: (vor 1840) 91,366; (1850) 73,85. Augsburg: WM 56,506. Basel: (vor 1838)) 16,167. Bern: (vor 1838) GtM 168,135. Freiburg/Schweiz, Stadt: GtM 383,238. Glarus/Schweiz: (vor 1838)) GtM 82,122. Graubünden: GtM (vor 1838) 164,69. Luzern: GtM (vor 1838) 139,013. Neuenburg/ Schweiz: GtM (vor 1838) außer Hafer 365,644; Hafer 380,858. Sankt Gallen: GtM (vor 1840) 82,6; FlM (vor 1840) 76,1. Schaffhausen: GtM (vor 1840) Hartk. 90,412; Weichk. 101,896. Solothurn: WM (1850) 158,888. Stein am Rhein: GtM (vor 1840)

Hartkorn 65,152; Weichkorn 75,128. Winterthur: GtM (vor 1840)) Hartkorn 96,3. Zürich: GtM (vor 1840) Hartkorn 82,8; (ab 1840) 82,122. Zug/Schweiz: GtM (vor 1840) Hartkorn 89,79; Weichkorn 90,22. Zurzach/Schweiz: GtM (vor 1840) 89,08.

Mütte: HM in Litern. Mark, Grfsch.: (um 1700) 30,071. Waldeck: GtM (1850) f. Roggen 205,664; f. Hafer 226,552. Österreich: ca. 250–300.

Muid: FlM Augsburg: 55,9 ltr.

Mummefaß: BM in Litern. Braunschweig: (1648) ca. 380. Duderstadt: (16. Jh.) 379,86.

Mut(h): 1. GtM Österreich: (1850) 18,451 hl; f. Mehl 59,503 ltr. Regensburg: (vor 1811) Hartkorn 1,466 hl; Weichkorn 2,566 hl.
2. GM Bozen: f. Öl 58,167 kg. Österreich: f. Weizenmehl 20,16 kg; f. Roggenmehl 17,92 kg.
3. Kalkmaß Bayern: (s. 1811) 8,895 hl.

N

Napf: GtM Eger/Böhmen: 9,344 ltr. Schleiz/Thür.: 9,807 ltr.

Neudutzend: ZM 10 Stück.

Neugros: ZM 100 Stück.

Neugroßgros: ZM 1000 Stück.

Neulot: GM 1. In den nordwestdeutschen Staaten Braunschweig, Bremen, Hamburg, Hannover, Oldenburg und Schaumburg-Lippe von 1858 bis 1871 gebräuchlich: 50 g. 2. Deutsches Reich allg.: (1871–1884) 10 g.

Neuries: ZM f. Papier. 10 Buch oder 1000 Bogen.

Neuzoll: LM Deutsches Reich, allgemein: (1871–1884) 1 cm.

Nösel: HM in Litern angegeben. Bayern: (s. 1811) 0,134. Braunschweig: (1704/32) 0,467; (1837/1871) 0,469. Braunschweig-Lüneburg: (bis 1692) 0,486. Celle: (1704) 0,469. Crayenberg/Thür.: GtM (1850) 0,742. Dornburg/Thür.: GtM (1850) 0,476. Eisenach: WM (1850) 0,458; BM 0,595. Erfurt: WM (1850) 0,422; BM 0,541. Frauensee/Thür.: GtM (1850) 9,743. Fulda: GtM (1850) 0,686. Gotha: FlM (1850) 0,455; GtM 0,684. Hamburg: FlM 0,451. Hannover: (ab 1837) 0,487. Jena: GtM (1850) 0,5. Kranichfeld/Thür.: WM (1810) 0,602. Kreuzburg/Thür.: GtM (1850) 0,828. Leipzig: 0,602. Lüneburg, Stadt: (bis 1692) 0,444; (ab 1693) 0,454. Mühlhausen/Thür.: WM 0,51; BM 0,437. Nordhausen: BM 1,043. Rudolstadt: GtM Oberherrschaft 0,488; FlM Unterherrschaft 0,702. Sachsen-Weimar: Regional waren fremde ~ gebräuchlich: Jenaer 0,5; Dornburger 0,476; Eisenacher 0,595, Frauenseer 0,743; Crayenberger 0,742 und Fuldaer 0,686. Schwarzburg-Sondershausen: BrM 0,496; BM 0,451. Weimar: GtM (1850) 0,471.

O

Ölkanne: FlM Kleve: (vor 1816)) 1,198 ltr.

Ölkrug: FlM Leer/Ostfriesl.: 1,39 ltr.

Ölmaß: FlM in Litern. Mainz: (1802) 1,695. Weimar: (s. 1810) 1,046. Worms: (16. Jh.) 1,731. Zürich: (vor 1840) 1,381.

Oertchen: GM Hannover: 2,25 g.

Oertgen: GM Schleswig-Holstein: 0,5 g.

Oesel: FlM Hamburg: 0,453 ltr. Preußen: (s. 1816) WM 0,57 ltr. Schleswig-Holstein: 0,453 ltr.

Ößel: FlM in Litern. Hamburg: WM 0,453. Lüneburg: (bis 1692) 0,444. Rostock: WM (1850) 0,453. *Siehe auch Nösel.*

Ohm: FlM in Litern angegeben. Aachen: WM 134,4. Altona: 144,806. Aschaffenburg: (17./18. Jh.) 158,778. Baden: (s. 1810) 150. Basel: (vor 1838) 45,507. Berlin: (18. Jh.) 149,8; (ab 1816) 137,404. Bingen: (1802) 150,75. Braunschweig: (1600/1733) 149,52; (1836–1871) 149,895. Bremen: WM 144,948; BrM 141,724; BM (17./19. Jh.) 150,88. Darmstadt: (vor 1818) 156,41; (ab 1818) 160. Dorneck/Schweiz: WM (1850) 45,504. Dresden: ÖlM (16. Jh.) 150,682; (18. Jh.) 151,04. Emden: ÖlM 145,7. Frankfurt/M.: (vor 1842) 143,418; (s. 1842) 143,411. Fulda: (1850) 145,594; ÖlM (18. Jh.) 146,14. Hamburg: WM (1850) 144,8; ÖlM (18./19. Jh.) 144,88. Hanau: (1850) 149,23. Hannover: (1714–1836) 147,5; (ab 1836) 155,758. Heidelberg: großer ~ 160,96; kleiner ~ 94,92. Helmstedt: WM 162,4. Hessen, GrHztm.: (1850) 160. Hildesheim: (vor 1836) 133,3. Homburg: (s. 1825) 160. Karlsruhe: (ab 1818) 150. Kassel: WM, BrM (s. 1820) 155,96; BM 174,755; f. d. Zoll BrM 158,754; BM 174,629. Koblenz: (vor 1816) 152,172. Köln: (vor 1816) 143,62; (19. Jh.) ca. 161. Königsberg: WM (vor 1816) 171. Leipzig: ÖlM (16. Jh.) 150,668. Lemgo: 155,747. Lippe-Detmold: (1857) 148,61; (1870) 148,63. Lippe-Bückeburg: 150. Lübeck: (1850) 145,5. Lüneburg: (bis 1692) 142,2; (1693 ff.) 145,2; WM (ab 1693) 146,4. Mainz: WM (vor 1818) 135,574; BM 150,856; ÖlM (18. Jh.) 150,856. Mannheim: (vor 1810) kleines ~ 95,71; großes ~ 159,5. Marburg/Lahn: 148,1. Mark, Grfsch.: 137,404. Mecklenburg-Strelitz: (1850) 144,96. Meiningen: GtM 73,83; FlM 65,45. Meisenheim, Oberamt: (vor 1872) 160. Münster/Westf.: BM 143,98. Nassau: (vor 1872) 160. Nordhausen: BM (18. Jh.) 151,333. Oldenburg/Oldbg.: WM, BrM 142,347. Osnabrück: WM (vor 1836) 136,6. Preußen: (ab 1816) 137,404. Rheinhessen: 160. Rheinland: (vor 1816) 141,144 (auch 142,62 gen.). Sachsen: (um 1830) 134,72; (vor 1872) 140. Schöningen: (1702) 151,28. Schweiz: a. Saum gen. (s. 1840) 150. Stralsund: WM (1825) 137,409; (s. 1830) 149,43. Thierstein/Schweiz: WM (1850) 45,504. Trier: (vor 1816) 155,333. Waldeck: WM (1850) 142,82. Wiesbaden: 135,574. Worms: (15. Jh.) 144,8; (16. Jh.) ca. 160; (19. Jh.) 158,56. Würzburg: (17. Jh.) 150,08; (s. 1811) 149,76.

Ohmkanne: FlM in Litern. Schwarzburg-Rudolstadt: Oberherrschaft 7,485; Unterherrschaft 11,224.

Ohmmaß: FlM Sachsen-Weimar (-Eisenach): WM, BM, BrM (s. 1810) 0,996 ltr.

Ort: 1. FlM in Litern. Borgentreich/Westf.: 0,32. Dringenberg/Westf.: 0,34. Emden: 0,383. Hannover: 0,346. Höxter/Weser: BM 0,29; WM 0,23. Lippe-Bückeburg: WM 0,305. Lippe-Detmold: 0,344. Lübeck: (1850) 0,227. Meppen: 0,348. Oldenburg/Oldbg.: 0,342. Osnabrück: WM (vor 1836)) 0,305. Rostock: WM (1850) 0,227. Schaumburg-Lippe: siehe Lippe-Bückeburg. Warburg/Westf.: 0,34. Wursten, Land: 0,354.
2. GtM in Litern. Jever: (1850) 33,886. Oldenburg/Oldbg.: (1850) 0,356. Oldenburg/Stadt: FlM (18. Jh.) 0,347.
3. GM in Gramm. Bremen: (bis 1857) 0,918; (ab 1858) 0,977. Schleswig-Holstein: 0,975.

Ortich: GtM Schleswig-Holstein: ca. 133 kg.

Ortsfuß: LM Gießen: 28,76 cm.

Osele: *siehe Nösel und Oesel.*

Ossel: HM Altona: 0,402 ltr.

Oxhoft: WM in Hektolitern. Braunschweig: (1733) 2,243. Bremen: 1,933 (auch 2,174 gen.). Hamburg 2,166. Hildesheim: (vor 1836) auch f. Tran 1,999. Königsberg: (17. Jh.) 4,041; (1800) 2,565. Leipzig: 2,276. Lippe-Bückeburg: (1850) 2,051. Lippe-Detmold: (1857/1870) 2,23. Lübeck: (1850) 2,183. Lüneburg: (bis 1692) 2,132; (ab 1693) 2,178. Mecklenburg-Strelitz: (1850) 2,174. Oldenburg, Stadt: auch BrM 2,135. Preußen: 2,063. Rostock: (1850) 2,172. Schaumburg-Lippe: *siehe Lippe-Bückeburg.* Schleswig-Holstein: 2,174. Stralsund: (bis 1830) 2,241; (1835) 2,061. Waldeck: (1850) 2,142; Essig 2,637. Wursten, Land: 2,126 oder 2,174.

P

Pack: ZM Allgemein f. Tuche: 10 Stück. Allgemein für Papier: 15 000 Bogen, auch 75 000 Druck- oder 72 000 Schreibbogen.

Palm: LM Hamburg: 9,55 cm.

Palast-Kornvirnzel: GtM Trier: (vor 1816) 29,569 ltr.

Palastmaß: WM Trier: (vor 1816) 1,33 ltr.

Passierdukat: MG Preußen: 383 g.

Pegel: HM Mecklenburg-Strelitz: (1850) 0,227 ltr. Rostock: WM (1850) 0,227 ltr. Stralsund: (1825) 0,239 ltr.

Pfennig: MG in Gramm. Allgemein: 1,096. Augsburg: (1850) 0,922. Baden: (s. 1810) 0,977. Braunschweig: (ab 1837) 0,914. Hessen, GrHztm.: 0,913. Köln: Silbergew. 0,913. Preußen: 0,913. Sachsen: 0,977.

Pferdelast: GM in Kilogramm. Hannover: 561,253. Oldenburg/Oldenbg.: (vor 1836) 617,377.

Pfiff: FlM in Litern. Österreich: 0,177. Wien, Stadt: WM (1850) 0,354; a. Seitel gen.

Pflug: FM Schleswig-Holstein: ca. 50–60 a. Wursten/Land: 11,8 bis 13,133 ha *(siehe Jück).*

Pfund: 1. GM in Gramm angegeben. Anhalt: 467,709. Appenzell: (vor 1838) leichtes ~ 465,332; schweres ~ 581,665. Augsburg: (1719) 472,332; (18./19. Jh.) 472,747 (auch 472,423 gen.); (1850) schweres ~ 490,874; MG 471,848. Baden: (s. 1810) 500. Bamberg: (1850) leichtes ~ 468,384. Basel: (vor 1838) großes Eisengewicht 493,24; kleines Eisengewicht im Kleinhandel 486,22; Messinggewicht 480,235; Silbergewicht 467,71; Goldgewicht 3,371 (!). Bayern: (s. 1811) rechtsrhein. Gebiet 560. Berg, Hztm.: (1560) 467,41. Berlin: (alt) 463,926; (1810) 468,536. Bern: HG 520,035; MG 489,506. Bingen: 471,306. Böhmen: (1835) 478,542. Bozen: (1850) 501,107. Braunschweig: (1701) 496,5; (1719) 467,282; (1807) 467,332; (1835) 468,114; (1838–1850) 467,711; Postgew. (ab 1852) 500; Allgemein (ab 1858) 500. Bremen: (1811) 470,429 (auch 470,283 gen.); (1818–1858) 498,5; (ab 1858) 500. Breslau: (1719) 405,441; (1820) 405,363; (1850) 405,538. Danzig: (1733) 429,85; (1806) 435,61 (auch 436,226 gen.). Darmstadt: (vor

1818) leichtes ~ 467,937; schweres ~ 505,372. Emden: (um 1800) schweres ~ 496,853; leichtes ~ 468,563; (1836) 467,711. Flensburg: (1850) 483,468. Frankfurt/M.: (bis 1837) leichtes ~ 467,711; schweres ~ 505,347; (1837–1858) leichtes ~ 467,712; schweres ~ 505,128. Freiburg/Br.: (1850) Trockengewicht 473,626; Naßgewicht 505,35. Freiburg/Schweiz: (1850) 528,811. Fulda: (1850) 509,97. Goslar: (1850) 467,812. Gotha: 467,711; Öl 500. Graubünden: (vor 1838) leichtes ~ 462,603; schweres ~ 693,907. Hall/Tirol: (vor 1816) 561,907. Hamburg: (alt) 551,23; (1794) 481,432; (1835–1858) 484,609; (1862) 482; (1866) 500; Bankgewicht 467,709. Hanau: (1850) f. Wolle 584,893; HG *siehe Frankfurt.*. Hannover: (alt) 490,116; (1826 einheitl. im Kfstm.) 489,608; (ab 1835 einheitl. im Kgr.) 467,711; Postgew. (ab 1850) 500; Allgemein (ab 1858) 500. Heidelberg: (vor 1810) leichtes ~ 467,797; schweres ~ 505,408. Heiligkreuz b. Trier: *siehe Trier.* Hessen GrHztm.: (s. 1821) 500. Hessen-Homburg: (s. 1825) 500. Hessen-Kassel: (bis 1860) Schwergewicht 484,242. Hildesheim: (1827) 467,13 (auch 466,98 gen.); Ratsgewicht (vor 1836) 486,83. Hohenzollern: (ab 1840) schweres ~ 486,437; leichtes ~ 467,728. Jever: (1850) 526,36. Kassel/Stadt: (s. 1820) Schwergewicht 484,243; Leichtgewicht 467,812. Koblenz: (vor 1816) 466,343. Köln: (17. Jh.) 467,41; (1719) 467,16; (18./19. Jh.) 467,893 (auch 467,625) gen.); Silbergewicht (um 1840) 467,711. Königsberg: (1719) 380,342; (1800) 381,238. Leipzig: (1600) 466,818; (18. Jh.) 466,946; (1826–1837) 467,214; (1837–1858) 467,625. Lippe-Bückeburg: (vor 1858) wie Hannover. Lippe-Detmold: (1791) 470,492; f. fette Flüssigkeiten 467,16; (1826) 468; (1866) 467,41; Silbergewicht (um 1840) 467,711. Löwenbrücken b. Trier: *siehe Trier.* Lübeck: (1654–1850) Normal~ 484,708; (1850–1860) Stadtgewicht f.d. Großhandel 486,474. Lüneburg,Stadt: (–18. Jh.) 485,8; Kfstm. (ab ca. 1784) 489,761; (1856) 486. Magdeburg: (1719–1816) 468,164. Mainz: (1802) leichtes ~ 470,686; schweres ~ 498,927. Mecklenburg-Schwerin: (1757–1861) 508,23; (ab 1861) 484,028. Mecklenburg-Strelitz: (alt) 484,609; (1850) 467,711. München: (vor 1811) 562,411; (s. 1811) 560. Münster/Westf.: (vor 1816) Krämer~ 465,884; Wage~ 484,519. Nordhausen: 467,41. Nürnberg: (vor 1811) altes ~ 476,905 (a. 477,138); Handels~ 509,996. Österreich: (bis 1858) 560,012; (ab 1858) 560,06; Silbergew. 500. Oldenburg: (bis 1846) 480,573; (bis 1858) 480,367; (ab 1858) 500. Olevig b. Trier: *siehe Trier.* Osnabrück: (vor 1836) 492,168. Paderborn: (vor 1816) 470,444. Pallien b. Trier: *siehe Trier.* Posen: (vor 1816) 398,35; schweres ~ 417,81. Preußen: (vor 1816) 485,36; (s. 1816–Juni 1858) 467,711; (ab 1.7.1858) 500. Pyrmont: 467,7. Regensburg: (1733) 553,647; (s. 1811) Kramer~ 566,917; Silber~ 492,299. Reuß: (bis 1858) 467,214. Rheinbayern (Pfalz): 500. Rostock: (1850) Stadt- oder Wagegewicht 508,229; HG 484,708; Kramergewicht: 484,028. Rudolstadt: (vor 1837) Oberherrschaft u. Unterherrschaft 467,214. Saalfeld: *siehe Preußen.* Sachsen: (bis 1858) 467,214; (s. 1858) 500. Sachsen-Coburg: 510. Sachsen-Gotha: 425,191; (19. Jh.) 467,41. Sachsen-Meiningen: 510. Sachsen-Weimar: (vor 1810) 467,627 (a. 467,41); (s.1810) 467,453. Salzburg: 560,708. Sankt Gallen: (vor 1840) schweres ~ 577,702; leichtes ~ 465,127. Schaffhausen: (vor 1840) schweres ~ 574,965; leichtes ~ 459,972. Schaumburg-Lippe: *siehe Lippe-Bückeburg.* Schleswig-Holstein: (bis 1860) 484,708; (s. 1861) 468. Schwarzburg-Rudolstadt: *siehe Rudolstadt.* Schwarzburg- Sondershausen: *siehe Sondershausen.* Schweinfurt: (1811) 509,85. Siegen: (1800) 467,41. Solothurn: (1850) 518,4. Stettin: (1733) 467,41. Stückhausen/Ostpr.: 487,753. Thorn: (vor 1816) 381,238. Tirol: 564,26. Trier: (vor 1816) 467,689. Troppau/Österr.-Schlesien: (vor 1816) 529,84. Uelzen: (bis 1827) 486,9; (1827) 489,916. Ulm: (vor 1806) 468,8. Waldeck: (1850) schweres ~ 476,352; leichtes ~ 467,41; Fleischgewicht 496,943 (a. 470,5 gen.). Weimar: *siehe Sachsen-Weimar.* Wien: (1719) 561,907;

(19. Jh.) 561,288. Winterthur/Schweiz: (vor 1840) schweres ~ 528,457; leichtes ~ 469,74. Wittenberg/Elbe: (18. Jh.) 466,26; (s. 1816) 467,214. Württemberg: (vor 1806) 467,587; (1806–1859) leichtes ~ 467,728; schweres ~ 486,19; (s. 1860) 500. Würzburg: (vor 1811) leichtes ~ 477,138; schweres ~ 509,996. Zürich: (vor 1840) schweres ~ 528,457; leichtes ~ 469,74. Zurzach/Schweiz: (vor 1840) wie Zürich; (1850) schweres ~ 528,459.

2. HM in Litern. Bremen: f. Öl und Tran 0,552. Gotha: f. Öl 0,5.

3. FM für Weingärten. Niederdonau von Sankt Veit bis Mödling, eine für 240 Weinstöcke erforderliche Fläche: 2,877 a; (1850) 2,398 a.

4. ZM 240 Stück.

Pfundmaß: ÖlM Bremen: 0,552 ltr.

Pfundner: *siehe Zwölfer.*

Pfundschwer: GM in Kilogramm. Man beachte auch das mehrfach gleichwertige Schiffspfund zur Fuhre. Braunschweig: (14./18. Jh.) 159,954. Bremen: (16. Jh.) 152,842; (19. Jh.) 149,55. Goslar: 163,845. Hamburg: (1700) 176,394; (1835) 155,074. Hannover: (18. Jh.) 156,851; (1826) 156,675; (1835-1858) 149,668. Hildesheim: (vor 1836) 140,094. Lüneburg: (ab 1693) 155,456; (ab ca. 1784) 156,6; (ab 1826) wie Hannover. Oldenburg, Stadt: (1850) 144,11. Osnabrück: (vor 1836) 147,65.

Pi(e)pe: 1. FlM in Litern. Braunschweig: (1733) 448,6. Danzig: (16. Jh.) 4–5. Elbschifffahrt: kleine ~ 435. Hamburg: ÖlM 396,978. Königsberg: (1825) 606,2; (18. Jh.) 384,9. Lübeck: ÖlM (1850) 397,461.

2. GM Rostock: ÖlM (1850) 397,461 kg.

Pinte: 1. FlM in Litern. Aachen: WM 0,267. Bern: (vor 1838) 1,671. Böhmen: 1,91. Köln: WM (18. Jh.) 0,345 u. 0,333. Krefeld: (1850) 0,299. In der Schiffahrt: 572.

2. GM f. Öl Preußen: 411 - 462 kg.

Plaaze: FM Papenburg: Eine Fläche von 462 m Länge und 83,16 m Breite: 3,842 ha.

Plank: FlM Lübeck: (1850) 0,455 ltr. Rostock: WM (1850) 0,453 ltr.

Polizeimeile: LM Oldenburg: 8,876 km.

Polst: ZM f. Leder. Fulda: (1850) 5 Stück.

Postlot: GM Hannover: (ab 1850) 16,666 g. Dieses Maß wurde 1858 allgemein gültig.

Postmeile: LM in Kilometern. Hannover: 7,419. Österreich: (1851) 7,587. Oldenburg: 7,42. Preußen: (ab 1816) 7,533. Sachsen: 7,5.

Poststunde: LM Bayern: 3,707 km.

Pott: 1. FlM in Litern. Genf: (bis 1853) 1,125. Mecklenburg-Schwerin: 0,8. Mecklenburg-Strelitz: (1850) 0,906. Neuenburg/Schweiz: (bis 1858) 1,904. Rostock: WM, BM (1850) 0,906. Stralsund; BM 0,954; WM (s. 1830) 1,038. Schweiz: (ab 1840) 1,5.

2. RM für Erde. Hamburg: 24,1 cbm. Schleswig-Holstein: 24,099 cbm.

Präger: LM Böhmen: a. Elle gen. 60,3 cm.

Priesterhufe: FM Pommern: 13,102 ha.

Prime: LM Österreich: 2,371 mm. Braunschweig: (vor 1872) im Bergbau 2,399 mm. Preußen: im Bergbau (bis 1871) 2,616 mm.

Püngel: HM Land Wursten: die Größe liegt zwischen Scheffel und Varrel.

Pütte: RM Land Wursten: 44 cbm.

Punkt: LM im Bergbau. Baden: (s. 1810) 3 mm. Sachsen: (s. ca. 1840) 0,174 mm.

Q

Quadrat...: Um die mit diesem Wortteil beginnenden Flächenmaße zu ermitteln, quadriere man die Längenmaße »Feldfuß, Feldrute, Fuß, Geestrute, Lachter, Landseil, Linie, Marschrute, Meile, Rute, Seil, Vermessungsfuß, Waldrute, Werkrute, Werkschuh und Zoll«. Vgl. Einleitung, S. 8.

Quadratdekameter oder **Quadratkette:** Diese Maße waren in den Jahren 1871 bis 1884 für den Flächenmaßbegriff »Ar« gebräuchlich.

Quärtle: WM in Litern. Winterthur/Schweiz: (vor 1840) 0,673. Zürich: (vor 1840) 0,461.

Quantn: So nennt man ein Feld von mehreren Joch Größe in Österreich. Keine bestimmte Flächenangabe.

Quardeel: Ursprünglich ein Hohlmaß aus dem Holländischen mit der Bedeutung »Speckfaß«. Im 17./18. Jahrhundert wurde das Wort zum GM der Walfänger aus dem norddeutschen Küstengebiet. Mundartlich wurde es meistens »Cordehl« genannt. In dieser Form ist es auch schriftlich überliefert. Bremen: 101,581 kg. Hamburg: 104,675 (a. 119,066) kg; (19. Jh.–1858) 217,105 kg. Oldenburg: 103,76 kg.

Quart: HM in Litern angegeben. Bayern: a. Quartl genannt 0,267. Berlin: GtM (1773) 1,076; (1869) 1,145. Brandenburg: GtM (1773) 1,076. Bremen: WM 4,832; BM 0,732; (um 1680) 0,943; GtM (bis 1826) 0,792; (ab 1826) 0,708. Breslau: 0,695. Hamburg: 0,959. Hannover: (1827) 0,972. Hildesheim: WM,BrM, ÖlM (1827) 0,833; BM 0,943. Hohenzollern: WM Helleich 0,459; Trübeich 0,479. Königsberg: GtM (1552) 3,713; WM (s. 1714) 1,158. Lemgo: 1,19. Mark, Grfsch.: 1,145. Pommern: GtM (1773) 1,076. Preußen: WM,BM (bis 1871) 1,145. Pyrmont: 1,445. Sachsen: FlM 0,301. Schöningen:BM (1702) 0,949; WM 0,818. Trier:GtM (vor 1816) f. Roggen 1,666; f. Gerste 1,851; f. Hafer 2,576. Troppau: FlM (vor 1816) 0,702. Württemberg: (s. 1806) WM Helleich 0,459; Trübeich 0,479; Schenkmaß 0,418.

Quartane: GtM Graubünden: (vor 1838) 7,398 ltr.

Quartel: 1. FlM Hamburg: 2,352 hl. München: (s. 1811) 0,267 ltr.
2. GM Hamburg: (bis 1858) 217,105 kg; (ab 1858) 216 kg. *(vgl. Quardeel).*

Quarterlein: FlM Breslau: (1850) 0,173 ltr.

Quarteron: HM in Litern. Freiburg/Schweiz: FlM 0,998; GtM 7,984. Genf: 2,25. *(siehe auch Viertel)*

Quartier: FlM in Litern. Altona: 0,905. Braunschweig: (1702) 0,935; Steuer~ 0,937. Braunschweig-Lüneburg: (ab 1693) 0,972. Hamburg: WM 0,906. Hannover: (ab 1836) 0,973. Hildesheim: WM (vor 1836) 0,833; BM 0,943. Königsberg: BM (1800) 0,356. Lippe-Detmold: (1857) 1,376. Lübeck: WM (1850) 0,909; BM 0,931. Lüneburg: (–1692) 0,889; (ab 1693) 0,908. Oldenburg: WM,BrM 0,89. Rostock: WM (1850) 0,906. Sachsen, Kgr.: WM 0,234. Schlesien: WM 0,174. Schleswig-Holstein: 0,906. Waldeck WM (1850) 0,992.

Quartier-Bouteillenmaß: WM Braunschweig: (18. Jh.) 0,877 ltr.

Quartierl: FlM Troppau: (vor 1816) 0,176 ltr.

Quartl: WM,BM Regensburg: (vor 1811) 0,208 ltr.

Quartli: FlM Zürich: 0,913 ltr.

Quartsaum: WM Zurzach/Schweiz: (vor 1840) lauterer Sinn 41,369 ltr; trüber Sinn 42,903 ltr.

Quent: FlM Breslau: (1850) 0,693 ltr.

Quentchen: 1. LM Österreich: 0,015 mm. 2. GM in Gramm angegeben. Allgemein: (um 1870) 4,385. Augsburg: MG 3,686. Baden: (s. 1810) a. Richtteil gen. 3,906. Bayern: (s. 1811) 4,375. Braunschweig: (vor 1872) 3,654. Frankfurt/Main: (vor 1872) 3,906. Hamburg: (–1857) 3,786. Hessen, GrHztm.: HG 3,906; MG 3,654. Hohenzollern: (ab 1840) 3,906. Homburg: (ab 1825) 3,906. Köln: (bis 1871) Markgewicht 3,654. Lippe-Detmold: (1858,1871) 1,667. Mark, Grfsch.: (1816–1858) 3,665; (1858–1871) 1,667. Nassau: (1858) 3,906. Österreich: (18. Jh.) 4,375; (1850) 4,385. Oldenburg: (1836–1871) 3,75. Preußen: (1816–1858) 3,36; (1870) 3,654; MG 1,667. Sachsen: MG 1,667. Schweiz: 3,67. Württemberg: 3,654.

Quente: GM Sachsen: HG (–1871) 3,906.

Quentin: GM Norddeutschland: (ab 1858) 5 g. Braunschweig: (–1858) 3,654 g.

Quentle: GM Württemberg: 3,653 g; (1857) 3,906 g.

Quentlein (od. Drachma): AG Lippe-Detmold: (1826) 3,531 g.

Querfinger: LM Böhmen und Schlesien: 2,009 cm.

Querhand: LM Böhmen und Schlesien: 8,036 cm.

Quint: GM gebräuchlich in Bremen, Braunschweig, Hamburg, Hannover, Oldenburg und Schaumburg-Lippe: (s. 1858 – 1871) 5 g. Schleswig Holstein: (s.etwa 1840) 5 g.

Quintchen (Quintel): MG Österreich: 4,375 g.

R

Rähmel: GM Norddeutschland: f. Flachs. 1 Bund zu 20 Pfund, die örtlich verschieden sein können, *siehe Pfund.*

Rahel: FM Österreich: WGM (1851) kleiner ~ 14,387 a; großer ~ 21,582 a.

Randhimten: GtM Braunschweig: (1811-1836) ca. 32,57 ltr. Früher *siehe Ratshimten.*

Ration: HM Mark, Grfsch.: 9,042 ltr.

Ratsachtel: GtM Rudolstadt: 23,424 ltr.

Ratshimten: GtM Braunschweig: (–1811) ca. 31,1 ltr.

Ratspfund: GM Lüneburg: (1856) 486 g.

Ratsscheffel: GtM Rudolstadt: 187,3 ltr.

Reek: LM Preußen: f. Leinwand 10,671 m.

Reep: RM Bremen: f. Holz ca. 2,45 cbm.

Registertonne: RM b.d. Seefahrt: 2,83 cbm.

Reisestunde: LM Allgemein: 3,71 km.

Reiß: LM Nassau: f. Schiefer 2,4 m.

Rep: LM Allgemein für 10 Ellen (s. dort). *Vgl. a. Reep.*

Richtpfennig: GM in Gramm. Frankfurt/M.: 0,977. Hessen, GrHztm.: (bis 1871) HG 0,977; MG 0,004. Hohenzollern: (ab 1840) HG 0,977. Köln: Markgewicht 0,004. Nassau: HG 0,977. Österreich: (1850) 0,274. Württemberg: (ab 1810) 0,913; (1857) 0,977.

Richtteil: GM Baden: a. Quentchen gen. (bis 1871) 3,815 mg.

Riem: ZM f. Packpapier. 1000 Bogen.

Riemfuß: FM im Bauhandwerk. Braunschweig: 208,465 qcm. Österreich: 0,599 qm.

Riemenklafter: FM im Bauhandwerk. Österreich: 3,597 qm.

Riemenrute: FM Braunschweig: 2,08 qm.

Riemenzoll: FM im Bauhandwerk. Österreich: 0,05 qm.

Ries: ZM f. Papier: Allgemein: 480 Bogen Schreib- oder 500 Bogen Druckpapier.

Ring: ZM Allgemein: 240 Stück.

Ringel: HM od. GM f. Kohlen. Berlin: 54,964 ltr. Mark, Grfsch.: ca. 75 kg.

Rinken: Westfälische Drahtlehre: grob 6 mm Dicke, fein 5,55 mm Dicke.

Rittermaß: GtM Solothurn/Schweiz: (1850) 18,15 ltr.

Röhrli: HM für Salz. Zürich: (vor 1840) 3,286 hl.

Roggenhimten: GtM Uelzen: (bis 1836) 26,97 ltr.

Roggenlast: 1. RM f. Schiffsgrößen *(siehe auch Schiffslast!)*. Bremen 6,371 cbm.
2. GM als Tragfähigkeit der Schiffe in Kilogramm angegeben. Allgemein an der Nordseeküste: 1960,664. Hannover: (bis 1836) 1958,54; (1836–1858) 1870,844. Königsberg: Allgemein 2136,524; f. Weizen 2350,176; f. Erbsen 2563,828; f. Gerste 1922,871; f. Hafer 1816,044. Mecklenburg-Schwerin: (bis 1858) 2908,248. Oldenburg: (bis 1858) 2057,924. Rostock: 2908,248.

Roggenscheffel (a. Hartkornscheffel gen.): GtM in Litern angegeben. Lippe-Detmold: (1791) 34,694; (1857) 44,258; (1870) 44,292. Peckelsheim/Westf.: 46. Warburg/Westf.: 43,1.

Rolle: ZM b. Juchtenleder: 6 Felle; b. Stockfisch: 80 Stück; b. Pergament: 60 Felle.

Roof: LM f. Wollgarn. Emden: 1314,426 m. Norden und Leer: 1507,209 m.

Rupp: GM Graubünden: (vor 1838) 8,674 kg.

Rute: 1. RM in Kubikmeter. Hessen-Homburg: f. Erde 6,64. Weimar: f. Steine (s. 1810) 11,48.
2. LM in Metern angegeben. Aachen: 4,602 (a. 4,514 gen.). Alemannische ~ : 4,584. Altenburg/Thür.: 5,68. Angelbeck/Osnabr.: (ca. 1790) 4,674. Anhalt: 3,766. Ansbach: 3,595. Arnstadt: 3,955. Baden: (s. 1810) 3. Basel: 4,88. Bayern: (vor 1811) 4,378; (ab 1811) 2,919. Birkenfeld: 3,766. Bozen: 3,341. Braunschweig: (s. 1837) 4,566. Bremen: 4,629. Breslau: (16. Jh.) 4,521; (18. Jh.) 4,303; (1850) 4,321. Calenberg: (vor 1836) 4,662; (ab 1836) 4,674; (1869) 4,689. Danzig: 4,303. Dresden: (um 1800) 4,581; Feldm. 4,295; (ab 1840) 3. Duderstadt: 5,508. Engern/Westf.: 4,613. Erfurt: 3,951. Essen/Ruhr: 4,598 (a. holländ. ~ mit 3,844 m üblich). Franken: in altbesiedelten Gebieten 3,648 (a. 4,256 und 5,472); in Waldgebieten 4,256 oder 4,864; manchmal a. alemannische ~ üblich. Siehe dort. Frankfurt/M.: Feld~ 3,558; Wald~ 4,511. Gotha: 3,558. Hamburg: 4,585. Hanau: (1850) 3,569. Hannover: (vor 1836) 4,66;

(nach 1836) 4,674. Heidelberg: (vor 1810) 4,856. Heiligenstadt: 4,708. Hessen-Kassel: 3,989. Hessen-Homburg: (s. 1825) 3,452. Hildburghausen: 4,256. Hildesheim: (vor 1836) 4,473; (ab 1836) 4,674. Hohenzollern: (vor 1840) 4,47; (ab 1840) 2,865. Holstein: 4,012. Husum: 4,7. Jever: (1850) 4,392. Kassel: (s. 1820) 3,989. Kleve: (vor 1816) 3,963. Koblenz: (vor 1816) 4,65. Köln: (vor 1816) 4,602 (mit Abweichungen). Königsberg: 4,616. Küstrin: 4,786. Kulm: (vor 1816) 4,322; (ab 1816) 4,389. Kurhessen: *siehe Hessen-Kassel.* Lauenburg/Elbe: 4,689. Leipzig: 3,392 (a. 4,522; 4,298; 4,285 gen.). Lippe-Bückeburg: (1850) 4,642. Lippe-Detmold: (1858–1870) 4,632. Lübeck: (1850) 4,602. Mainz: 4,6. Mark, Grfsch.: 3,844. Mecklenburg-Strelitz: (1850) 4,656; b. Bauten 3,766; b. Grabenarbeiten 5,022. Meinigen: (1850) 4,242. Meisenheim, Oberamt: 5. Mühlhausen/Thür.: 3,932; bei Vermessungen von Teichen und Wäldern 4,494. Nassau: (1840) 5. Neumark: 4,42; große Land~ 5,022. Nordhausen: 4,162 (a. 6,24 gen.). Nordstrand: 4,776. Nürnberg: (vor 1811) große ~ 4,864; kleine ~ 3,648. Österreich: 3,793; *siehe a. Ingenieurrute.* Oldenburg/Oldbg.: (17./18. Jh.) 5,918; (ab 1836) 5,326. Osnabrück: (1800) ca. 4,67. Ostfalen: 4,613. Ostfranken: 8,649. Ostfriesland: (17. Jh.) 5,02. Pommern: 4,673. Preußen: (s. 1816) 3,766. Rheinland: (vor 1818) 7,393; (1819) 3,766. Rostock: 4,603; (1850) 4,584. Sachsen: (vor 1840) Straßen~ 4,531; Feld~ 4,295; (nach 1840) 3. Sachsen-Altenburg: (vor 1872) 4,5. Schaffhausen: (vor 1840) 3,574. Schaumburg-Lippe: (alt) 4,836; *siehe a. Lippe-Bückeburg.* Schleiz: (1850) 3,766. Schleswig: 4,585. Schwarzburg-Rudolstadt: 4,515. Schwarzburg-Sondershausen: 3,955. Schweiz: (s. 1840) 3. Soldin: 4,42. Thorn: (vor 1816) 8,64. Tirol: 3,341. Trier: 4,7. Ulm: (vor 1806) 3,468; (ab 1806) 5,202. Waldeck-Pyrmont: 3,766. Weimar: (s. 1810) 4,512. Westfalen: (vor 1816) 4,613. Württemberg: (1557) 4,584; (s. 1806) 2,865.

S

Sack: 1. GtM in Litern. Basel: (vor 1838) 136,7; (ab 1840) 129,333. Boitzenburg/Elbe: (s. 1757) 161,55; (1850) 161,78. Freiburg/Schweiz: (ab 1840) 16. Genf: 179; f. Kohlen 298,3. Lauenburg/Elbe: 187. Luzern: 135. Mecklenburg-Schwerin: 233,3. Rostock: (1850) 233,334. Sachsen-Altenburg: 110,2.
2. GM für Salz. Hall/Tirol: 84,286 kg.

Sacklast: *siehe Bäckerlast.*

Salzmäßl: HM Regensburg: f. Salz im Kleinhandel 3,333 ltr.

Salzmetzen: HM Regensburg: (vor 1811) f. Salz im Kleinhandel 13,333 ltr.

Saum: 1. LM Lippe-Detmold: f. Tuche 406,2 m.
2. GM in Kilogramm. Bozen: 200,444. Österreich: (1835) 154,354; (1850) 154,003 (a. 154,017 gen.); f. Stahl 140,003.
3. ZM Bozen: 22 Leinentücher.
4. HM in Litern angegeben. Aarau/Schweiz: WM lauterer Sinn 144,012; trüber Sinn 155,533. Basel: 146,868. Bern: (vor 1840) 167,12. Dorneck/Schweiz: WM (1850) 136,511. Freiburg/Schweiz: FlM 132,104. Graubünden: 172,814. Sankt Gallen: WM (vor 1840) 167,96. Schaffhausen: WM (vor 1840) lauterer Sinn 168,264; trüber Sinn 178,784. Schweiz: FlM (ab 1840) 150. Solothurn: WM (1850) 159,418. Stein am Rhein: WM (vor 1840) lauterer Sinn 158,716; trüber Sinn 168,636. Thierstein/Schweiz: WM (1850) 136,511. Zürich: WM (vor 1840) lauterer Sinn 165,054; trüber Sinn 176,057. Zurzach/Schweiz: (vor 1840) lauterer Sinn 165,476; trüber Sinn 171,612.

Schachtrute: RM in Kubikmetern. Braunschweig: (s. 1837) 5,949. Hohenzollern: 2,351. Lippe-Detmold: (1826) 6,212; (vor 1872) 4,452. Lippe-Bückeburg: (1850, 1871) 6,225. Preußen: (vor 1872) 4,452. Sachsen-Gotha: 5,781. Sachsen-Coburg: 5,505.

Schachtwerk: RM Schleswig-Holstein: f. Erde 6,025 cbm.

Schäffel (teilweise a. Schaff gen.): 1. GtM in Hektolitern. Augsburg: 2,053. Bayern: (s. 1811) 2,224. Kärnten: 4,919. München: *siehe Bayern.* Regensburg: (vor 1811) Hartkorn 5,865; Weichkorn 10,264. Salzburg: 0,604. Steiermark: 0,266. Waldkirchen: 2,21. 2. GM Appenzell: f. Butter 10,47 kg.

Schankeimer: FlM Franken: 64,148 ltr.

Schargen: RM f. Brennholz. Sachsen: 21,87 cbm.

Schatz: FM Elsaß: etwa 1/5 Morgen je nach Bodenbeschaffenheit rd. 500 qm. Exakte Angaben sind nicht zu machen.

Schatzungsjück: FM Wursten, Land: (s. 1688) Acker 65,7 a; Wiese und Weideland rd. 72 a.

Scheffel: GtM in Litern angegeben. Ab 1. Januar 1871 in Deutschland allgemein für 50 Liter gebräuchlich. Frühere Einzelwerte: Altenburg/Thür.: 146,972. Altona: 17,389. Anhalt: 57,13. Apolda/Thür.: (s. 1810) 86,777. Arolsen: (1850) Hartkorn 51,461; Weichkorn 56,638. Augsburg: (vor 1811) 205,2. Bayern: (s. 1811) 222,36. Beeskow/b. Frankfurt a.d.Oder: (vor 1814) 35,4. Berlin: (1722) 54,727; (1747) 54,381; (1771) 50,999; (1773) 51,669; (1810) 54,727; (1811) 54,49; (1816) 54,962; (1826) 54,47; (1851–1869) 54,962; f. Hafer (1714) 60,808. Bochum: 46,694. Borgholz/Westf.: (vor 1819) f. Hafer 50,3. Brandenburg: (vor 1734) 52,879; (1773) 51,669. Braunschweig: (bis 1692) 311,45; langes Maß 373,74. Bremen: (bis 1826) 79,201; (1826–1850) 70,81; f. Salz 74,104. Breslau: (1850) 74,874. Bultstedt/Thür.: (s. 1810) 76,421. Celle: (bis 1692) 272,75. Corvey/b. Höxter: (bis 1819) 40,2. Danzig: (1720) 54,729 (auch 51,704 gen.). Delmenhorst/b. Bremen: (1850) 26. Dornburg/Thür.: (bis 1810) 182,81. Dortmund: (bis 1841) Reichsmaß 43,814; Stadtmaß 39,735. Dresden: (vor 1840) 106,298; (ab 1840) 103,828. Driburg/Westf.: (bis 1818) 44,9. Dringenberg/Westf.: (bis 1818) 45,8; »halber~« 11,6. Eberswalde: (bis 1714) 54,1. Ehingen/Württ.: (1806/1810) 227,7. Eichlinghofen: 38,394. Eisenach: (s. 1810) 38,086. Emden: (1850) 24,5. Erfurt: (s. 1810) 59,613. Essen/Ruhr: 43,672; Back- und Speicheramt 32,936. Frankfurt/Oder: (bis 1814) 54,1. Fröndenberg: 45,463. Fürstenwalde: (bis 1814) 54,5. Gardelegen: (bis 1814) 49,8. Gera: (1850) 106,16. Gevelsberg: 44,6. Gotha: (1850) 87,324. Greiz: 156,912. Hagen/Westf.: (1714) 45,799. Hamburg: (17./18. Jh.) Hartkorn 109,91; Weichkorn 164,88. Hamm/Westf.: 57,106. Hannover: (vor 1714) 53,06; (ab 1714–1836) 311 (ab 1836 war im Königreich H. der Scheffel offiziell außer Gebrauch). Harpen/b. Bochum: 45,603. Hattingen: 46,694. Hausberge/Porta: (1714– ca. 1818) 62,3. Havelberg: (bis 1813) 51,6. Hechingen/Hohenzollern: (1557) 183,47; (1826) 186,2; (1850) 176,469. Herdecke: 47,034. Hildesheim: 51,853; (bis 1836) 52,9. Hohenleuben/Thür.: (1850) 32,333. Hohenlimburg: 46,653. Hohenzollern: 73,482; f. Kalk 177,23. Hoya/Weser: (ab 1714) 14,6. Huckarde: 33,509. Iserlohn: 65,139. Jena: (s. 1810) 160,12. Jever: 30,9; (1850) 31,062. Kamen: 45,799. Kassel: (1820) 80,369. Kiel: 39,513. Kißlegg-Wurzach/Württ.: 187,02. Kleve: (vor 1816) 53,607. Köln: (vor 1816) schwankend zw. 96 und 101. Königsberg/Pr.: (1552) 51,48 (auch 49,868 gen.); (ab 1714) 54,867. Köthen: 57,13. Kulm: (vor 1816) 54,788. Kurhessen: 80,369. Kyritz: (vor 1714) 50,7. Langendreer: 34,493. Lauingen/Württ.: 221,5 (auch 232,6 gen.). Lemgo:

36,254. Lenzen/Elbe: (vor 1814) 53,7. Lippe-Detmold: (1791) Hartkorn 34,694; Hafer 39,519; (1857) Hartkorn 44,292; Hafer 51,674; (1870) Holzkohle 88,583. Lippstadt: 36,11. Lübbecke/Westf.: (1714–ca. 1818) 36,1. Lübeck: (1829/1850) Roggen 34,694; Hafer 39,514. Lüneburg, Stadt: (–1692) Roggen und Weizen nach Wintermaß 49,8; Buchweizen, Gerste, Hafer, Hopfen nach Sommermaß 53,2. Lüneburg, Fstm.: (ab 1693–1836) einheitlich 311. Lüneburger Heide: (vor 1693) 124,607. Lünen: 42,17. Mecklenburg-Schwerin: 38,889 (a. 40,387 gen.). Mecklenburg-Strelitz: 54,727. Minden/Westf.: (1714–1819) 58,8. Mühlhausen/Thür.: 40,328. Müncheberg: (vor 1814) 54,5. München: 222,357 (a. 225,43 gen.). Münster/Westf.: 23,274. Neuruppin: (vor 1814) 54,1. Neustrelitz: 51,654. Nordhausen: (1820) 45,632. Oldenburg/Oldbg.: gemeiner ~ (1850) 22,801; Stau~ (1850) 22,979. Osnabrück: (vor 1836) 28,703. Ostpreußen: (1773) 23,175. Paderborn: (vor 1819) 36,855. Parchim: 54,73. Peckelsheim/Westf.: (vor 1819) Roggen 46. Perleberg: (vor 1814) 49,8. Petershagen/Weser: (1714–ca. 1819) 64,4. Pommern: (1773) 51,669. Potsdam: (vor 1714) 53,2; (vor 1816) 36,451. Prenzlau: (vor 1714) 50,2. Preußen: (16. Jh.) 54,46; (bis 1714) 55,523; (1841–1871) 54,962. Pritzwalk: (vor 1714) 49,8. Rathenow: (vor 1714) 50,7. Ravensberg, Grfsch.: (1714–1819) 41,342. Reuß ä.L.: *siehe Zeulenroda.* Reuß j.L.: *siehe Hohenleuben.* Rietberg, Grfsch.: (vor 1819) 24,7. Rostock: (1850) 38,889. Rot am See/Württ.: 222,36. Rudolstadt: Unterherrschaft 45,632; Oberherrschaft 187,392 (doch sehr unterschiedliche Ortswerte). Sachsen: (um 1830) 103,828; (ca. 1840–1871) 100. Sachsen-Altenburg: 146,972. Salzwedel: (vor 1714) 48,1. Schleiz: 192,365. Schleswig-Holstein: 137,12. Schlüsselburg/Weser: 63,5. Schwäbisch Hall: (1557) glatter ~ 121; rauher ~ 141,25. Schwarzburg-Sondershausen: *siehe Sondershausen.* Schwelm: 44,01. Schwerte: 44,01. Seehausen/Altmark: (vor 1814) 48,5. Soest: (1700) 30,071. Sondershausen: (s. 1774) Roggen 45,445; Hafer 48,27. Stargard: Hartkorn 51,687; Weichkorn 68,623. Stemwede/a. Dümmer: (vor 1714) 24,5. Stendal: (vor 1814) 46,4. Storkow/Mark: (vor 1814) 56,7. Stralsund: (vor 1830) schwedische Maße; (s. 1830) Hartkorn 43,01; Weichkorn 46,946. Stuttgart: 177,226. Tangermünde: (vor 1814) 44,9. Thorn: (vor 1816) 54,788 (a. 76,832 gen.). Troppau/Österr.-Schlesien: (vor 1816) 76,832. Unna: 45,799. Waldeck: (1850) Roggen 51,416; Hafer 56,638 (örtlich allerdings unterschiedlich). Waldsee/Württ.: (1806/1812) 187,02. Waltershofen/Württ.: 186,69. Warburg/Westf.: (vor 1814) Roggen 43,1; Hafer 53,9. Weiltingen/Württ.: 229,92. Weimar: (s. 1810) 75,294 (a. 76,965); regional a. Bürgel'scher ~ (204,863), Jenaer, Dornburger, Eisenacher, Apoldaer, Bultstedter, Nordhäuser, Berliner, Erfurter und Dresdner ~ in Gebrauch. Werben/a.d.Elbe: (vor 1814) 49,8. Werve/Westf.: 18,32. Wesel: (vor 1816) 35,885. Westhofen: (vor 1816) 45,799. Wetter/Ruhr: 41,219. Wiesensteig/Württ.: 225,43. Wismar: (1850) 38,284. Wittenberg/Elbe: (1850) 52,94. Württemberg: Richtwert (16. Jh. bis 1871) 177,226 (doch örtlich außerordentlich verschieden!); f. Kalk a. Zuber od. Kufe gen. (bis 1871) 73,482. Wusterhausen/b. Berlin: (vor 1816) 57,5. Zeitz: (vor 1816) 112,687. Zerbst: 49,38. Zeulenroda: (1850) 32,333.

Scheffel(saat): FM in Aren angegeben. Angelbeck/Osnabr.: 11,795. Cloppenburg: 9,1. Damme/b. Vechta: 9,45. Delmenhorst: 8,51. Essen/am Wiehengebirge: 12,26. Essen/Ruhr: 21,991. Frisoyte: 7,68. Gera: (1850) 25,214 (b. Privatvermessungen 32,689). Greiz: (um 1800) 32,849; (1850) 32,333. Hamburg: (1850) 42,047. Köln: *siehe unter Sümmer.* Lippe-Detmold: (1870) 17,166. Löningen/b. Cloppenburg: 9,45. Lübeck: innerh. d. Landwehr 13,706; außerhalb d. Landwehr 14,824. Mecklenburg-Schwerin: 13,007. Mecklenburg-Strelitz: 21,678. Nienburg/Weser: 8,74. Oldenburg/Oldbg.: 8,509. Osnabrück: (1500) 11,792; (um 1800) 11,82. Ravensberg/Westf.: 17,022. Reuß: 24,636. Sachsen: (um 1800 = Morgen) 27,671; (nach 1840) 28,8; *siehe a. Land~* und Straßen~. Schleiz/Thür.: 36,955. Stedingen, Land: 6,13. Vechta/Oldbg.: 9,77. Walsrode/Lüneb.Heide: 13,105. Wildeshausen/Oldbg.: 9,95. Land Wursten: Spieka & norderhalb Midlum: 8,208; Wremen & Imsum: 7,375.

Schenkeimer: HM in Litern. Augsburg: (1850) 75,528. Bamberg: (1850) 97,119. Bayern: (s. 1811) 64,142. Ulm: WM (vor 1806) 248.

Schenkkanne: WM Leipzig: (alt) 1,204 ltr.

Schenkmaß: FlM in Litern. Altenburg/Thür.: 0,896. Augsburg: (vor 1838) 1,049. Dresden: ÖlM (16. Jh.) 0,916. Frankfurt/M.: WM (vor 1872) 1,5. Hohenzollern: WM (um 1850) 1,67. Leipzig: ÖlM (16. Jh.) 0,916. Meiningen: 1,023. Nürnberg: (s. 1811) 1,079. Sankt Gallen: WM (vor 1840) 1,664. Weimar: WM (s. 1810) 0,896; WM, BM (vor 1871) 0,916. Württemberg: (s. 1806) 1,67. Würzburg: WM (vor 1811) 1,039. Zürich: WM (vor 1840) 1,57.

Schett (Schott): ZM 20 Bündel gehechelten Flachses.

Schichtfuß: RM im Bergbau. 1,137 cbm.

Schichtklafter: RM im Bergbau. 6,821 cbm.

Schiffpfund: GM in Kilogramm. Braunschweig: (14./18. Jh) 133,295. Bremen: (14. Jh) 136,08; (bis 1858) 153,538. Danzig: (16. Jh.) 127,5; (18. Jh.) 139,395; (19. Jh.) 154,334. Delmenhorst: wie Bremen. Emden: 140,313. Hamburg: (18. Jh.) Schiffsfracht 137,808; Landfracht 176,394; (19. Jh.) Schiffsfracht 121,212 (a. 135,691 gen.); Landfracht (bis 1858) 155,151. Königsberg: 114,369. Lippe-Detmold: (1826) 144,15; (1858) 75. Lübeck: (alt) 162,859; (bis 1861) 135,718; (ab 1861) 140. Lüneburg: (bis 1692) ohne Verpackung 136,024; mit Verpackung 155,52; Salz 136,08; (ab 1693) ohne Verp. 136,1; (ab 1784) ca. 156,502. Preußen: Landfracht 154,344. Rostock: (1850) 136,558. Sachsen: (bis 1858) 154,316; (1858–1874) 150.

Schiffpfund zur Fuhre: GM in Kilogramm. Es entspricht vielfach dem **Pfund Schwer**. Hamburg: (1719) 154,345 bis 155,4. Lübeck: 155,107. Nürnberg: (s. 1811) 153. Oldenburg: (1850) 139,306. Rostock: 156,067.

Schiffslast: 1. GM in Kilogramm angegeben. Braunschweig: (s. 1837) 1870,844. Bremen: (alt) 1824; (bis 1858) 1994; (ab 1859) 2000. Hannover, Kgr.: (1836–1871) 1870,844. Hamburg: (bis 1858) 1938,438; (ab 1859) 2000. Lippe-Detmold: (1870) 2000. Lübeck: (bis 1871) 1938,832; b. flachgehenden Schiffen 2423,54. Österreich: (bis 1871) Zwei Arten: 979,012 und 1008,108. Preußen: (vor 1816) 1869,6; (1819–1858) 1870,844; (ab 1858) 2000. Rostock: 1938,832. Sachsen: (ab 1858) 2000. Wismar: (1850) 2908,248.
2. RM in Kubikmetern. Bremen: 2,323; f. Steinladungen 0,929. Hamburg: 1,683.

Schiffstonne: GM Bremen: 997 kg. Hamburg: (bis 1858) 969,219 kg.

Schilling: ZM Österreich: 30 Stück.

Schilltonne: HM Oldenburg: 82,654 ltr.

Schipp: GtM, FtM Schleswig-Holstein: (vor 1866) Sønderborg: 17,889 ltr. Tønder: 18,444.

Schippsaat: FM Eiderstedt & Fehmarn: 7,568 a.

Schleppen: Westfälische Drahtlehre. 6,83 mm Dicke.

Schmalbandtonne: BM Lüneburg: (–1692) 113,728 ltr.

Schmaltonne: GtM Danzig: (16. Jh.) 129,3 ltr. Hamburg: (1850) 115,84 ltr.

Schnalz: LM f. Garne. Österreich: 2337,6 m.

Schneller: LM f. Garne in Metern. Böhmen: 342,83. Brünn: 312,43. Österreich: f. Leinengarn 2337,6; f. Baumwollgarn 1158,97. Württemberg: 1289,89.

Schnur: FM Ostpreußen: 85,107 qm.

Schock: 1. ZM Allgemein: 60 Stück; großes ~ 64 Stück.
2. LM f. Leinen. Kassel: Länge ca. 34 m, Breite 1 — 1,4 m.

Schokoladenpfund: GM Österreich: (1850) 490,01 g.

Scho(o)f: ZM Allgemein: 6 Stück.

Schoppen: FlM in Litern. In Deutschland von 1871–1884 allgemein für 1/2 ltr. gebraucht. Aarau/Schweiz: (1850) 0,36. Aschaffenburg: (17./18. Jh.) 0,496. Ansbach: (1850) 0,338. Baden: (s. 1810) 0,375. Bayern: (s. 1811) 0,267. Darmstadt: (vor 1818) 0,488; (s. 1818) 0,5. Frankfurt/M.: Altmaß (vor 1818) 0,488 (a. 0,448 gen.); Jungmaß 0,398; (1850) 0,402. Freiburg/Br.: 0,413. Freiburg/Schweiz: 0,39. Fulda: (1850) 0,455. Hanau: (1850) 0,466. Heidelberg: 0,838. Heiligkreuz/b. Trier: *siehe Trier.* Hessen, GrHztm: (vor 1818) 0,496; (s. 1818) 0,5. Homburg: (s. 1825) 0,5. Kassel: (vor 1820) 0,496; WM (s. 1820) 0,488; BM 0,546. Koblenz: (vor 1819) WM 0,352; BM 0,43; ÖlM 0,319. Lippe-Detmold: (1870) 0,5. Löwenbrücken/b. Trier: *siehe Trier.* Mainz: WM (vor 1818) 0,848; (1850) 0,424; ÖlM (1850) 0,943. Mannheim: (vor 1810) WM 0,499. Mark, Grfsch.: (s. 1819) 0,5. Meisenheim, Oberamt: (vor 1872) 0,5. Nürnberg: (s. 1811) 0,27. Olevig: *siehe Trier.* Pallien: *siehe Trier.* Preußen: (s. 1819) 0,499. Sankt Gallen: WM (vor 1840) 0,328. Schaffhausen: WM (vor 1840) 0,329. Schwaben: 0,417. Schweiz: (ab 1840) 0,375. Stein am Rhein: WM (vor 1840) 0,31. Waldeck: 0,357. Trier: BM und Fettwaren (vor 1819) 0,484. Winterthur: WM (vor 1840) 0,337. Worms: BrM, MilchM, Tran (18. Jh.) 0,504; WM, BM (s. 1818) 0,499. Württemberg: WM Schenkmaß 0,418; Helleich 0,459; Trübeich 0,479. Würzburg: (vor 1811) 2,34. Zürich: WM (vor 1840) 0,459; ÖlM (vor 1840) 0,345. Zurzach/Schweiz: WM (vor 1840) lauterer Sinn 0,383; trüber Sinn 0,397.

Schott: *siehe Schett.*

Schragen: Holzmaß. Sachsen: 7,358 cbm.

Schritt: LM Preußen: (vor 1872) 0,7 bis 0,8 m.

Schrott: HM Frankfurt/M.: 0,112 ltr.

Schuh: LM in Zentimetern. Ein vor der Maßangabe gesetztes * verweist auf die Zeit »vor 1806«. Die so gekennzeichneten Orte gehören nach Württemberg oder Hohenzollern. Aach: * 30,826. Aalen: * 30,778. Achstetten: * 29,981. Adolzfurt: * 29,351. Altdorf: 31,084. Altmannshofen: * 30,44. Altshausen: * 30,44. Ansbach: * 30,339. Arnegg: * 29,58. Aschaffenburg: 28,8. Augsburg: (vor 1811) 29,6. Aulendorf: * 30,153. Baisingen: * 28,935. Balzheim: * 29,222. Bartenstein: * 30,44. Bayern: (s. 1811) 29,2. Biberach: * 30,697. Blaufelden: * 30,44. Braunschweig: (1704) 31,118; Werk~ 28,525. Buchau: * 30,4. Bußmannshausen: * 30,511. Crailsheim: * 29,984. Creglingen: * 30,597. Danzig: 28,7. Dietenheim: * 30,225. Dotternhausen: * 36,613.

Eglofs: * 30,44. Ehingen: * 30,228. Ellmannsweiler: * 29,629. Ellwangen: * 30,658. Essingen: * 30,778. Friedberg-Scheer: * 31,084. Gammesfeld: * 30,301. Giengen: * 30,368. Gießen: 29,8. Gmünd: * 29,145. Gomadingen: * 31,113. Hall, Schwäb.: * 28,191. Halle/Saale: 29,8. Heggbach: * 30,798. Heidelberg: 28. Heilbronn: * 27,712. Horb: * 28,935. Isny: 0 29,938. Jagstberg: * 30,44. Jagsthausen: * 30,884. Kirchhausen: * 44,32. Kocherstetten: * 30,44. Köln: 27,5 (a. 28,7 errechnet). Korb: * 29,566. Laibach: * 31,714. Langenburg: * 30,44. Lauchheim: * 30,44. Leipzig: 31,5. Leutkirch: * 30,44. Mergentheim: * 28,592. Mühlheim a.d. Donau: * 30,74. Mühringen: * 30,483. Mulfingen: * 30,44. Neresheim: * 31,17. Nitzenhausen: * 30,44. Nürnberg: (vor 1811) 30,44. Oberhausen: * 31,113. Obermarchtal: * 30,712. Oberndorf: * 30,54. Oberstadion: * 30,798. Ochsenhausen: * 31,686. Öhringen: * 29,351. Olnhausen: * 30,626. Pfalz: (vor 1811) 28,649. Radolfzell: * 30,798. Ramsberg: * 29,165. Ravensburg: * 30,798. Rheinland: 31,4. Riedlingen: * 30,44. Rossach: * 37,301. Rothenburg: * 29,279. Rottweil: * 28,351. Salach: * 28,649. Saulgau: * 31,8. Schemmerberg: * 31,829. Schlatt unter Krähen: * 31,256. Schramberg: * 31,485. Schussenried: * 31,084. Schwendi: * 30,225. Singen: * 30,483. Spaichingen: * 31,686 (a. 30,726). Stockach: * 30,339 (a. 31,543). Straßburg/Elsaß: 28,9. Tettnang: * 30,798. Ulm: * 29,222. Waldburg: * 30,44. Waldsee: * 30,697. Wangen: * 30,798. Warthausen: * 30,798. Weigheim: * 35,001. Weikersheim: * 30,44. Weil der Stadt: * Bau 28,799; Feld 27,698. Weingarten: * 31,084. Wengen: * 30,339. Wiblingen: * Amt 30,855; Stadt 31,858. Widdern: * 29,759. Wien: 31,6. Wilfingen: * 30,44. Würzburg: 29,2. Wurzach: * 30,583. Württemberg: (nach 1806) 28,649. Zwiefalten: * 30,897.

Schwad: LM zur Angabe von Ackerbreiten. Calenberg: (vor 1836) 2,33m; (ab 1836) 2,337 m.

Schwatt: LM im Land Wursten, allerdings sehr verschieden: ca. die Länge eines Sensenstiels.

Schweizerstunde: LM Schweiz: 4,8 km.

Schwerpfund: GM Bremen: 499,8 g. (Nicht zu verwechseln mit Pfundschwer!)

Scrupel: *siehe Skrupel.*

Sechsling: HM Waldkirchen: 36,83 ltr.

Sechter: GtM in Litern. Braubach: (vor 1840) Hartkorn 7,702; Weichkorn 8,325. Frankfurt/M.: 7,171. Hanau: (1850) 7,633. Höchst: (vor 1840) 7,171.

Sechzehntel: 1. FM Österreich: WGM 7,193 a.
2. FtM Hannover, Kgr.: (1836–1866) 1,947 ltr.

Sechziger: FM Hattingen, Kamen, Lüdenscheid, Schwelm und Sölde: (bis 1858) 2,99 a; (ab 1858) 2,84 a. Preußen: 2,84 a.

Seefaden: LM Allgemein: 1,883 m.

Seemeile: LM in der Seefahrt. 1,853 km. Österreich: (1835) 1,864 km.

Seetonne: GM Allgemein: (seit 1857) 1000 kg.

Seidel: 1. FtM, GtM Böhmen: altes ~ 0,486 ltr; neues ~ 0,365 ltr.
2. FlM in Litern angegeben. Ansbach: (1850) 0,676. Augsburg: 0,589. Bayern: (vor 1811) 0,535; (s. 1811) 0,573. Böhmen: 0,477. Nürnberg: (s. 1811) 0,573. Österreich: a. Seitel gen. WM (1803–1850) 0,354; Groß~ 0,531. Regensburg: WM, BM (vor 1811) 0,417. Sachsen-Gotha: 0,606. Wien: *siehe Österreich.*

Seidlein: FlM Nürnberg: (1800) 0,576 ltr.

Seil: 1. FM Königsberg: 2,089 a. Ostpreußen: 85,107 qm.
2. LM Böhmen: 25,316 m.

Seitel: *siehe Seidel.*

Sektpipe: *siehe Both.*

Sekunden: LM im Bergbau. Braunschweig: (bis 1871) 0,24 mm. Preußen: (bis 1871) 0,262 mm.

Sester: HM in Litern. Baden: (s. 1810) 15. Basel: (vor 1838) kleiner ~ 17,082. Emden: ÖlM 48,567. Freiburg/Br.: GtM 18,213. Heidelberg: ca. 7. Homburg: (s. 1825) 6,25. Karlsruhe: (s. 1810) 15. Koblenz: GtM 6,012. Köln: GtM (vor 1818) 17,943. Mannheim: ca. 7. Marburg/Lahn: 6,488. Meisenheim, Oberamt: GtM 6,25. Trier: WM, BaumölM (vor 1818) 5,178; GtM *siehe Vierling.*

Sewengart: FM Kassel: 41,764 a.

Siebmaß (Sipmaß): HM Altenburg/Thür.: 36,743 ltr.

Sieljück: FM für Siele und Brake (= Wasserflächen, die nach Brüchen im Land hinter dem Deich zurückbleiben). Nach ~ rechnete man an der Niederweser, jedoch ist die Größe ungewiß. Vgl. Jück.

Simmer: HM in Litern angegeben. Braubach/b. Wiesb.: GtM (vor 1840) Hartkorn 30,806; Weichkorn 33,3. Coburg: GtM (alt) Hartkorn 90,412; Weichkorn 113,021; (1850) Hartkorn 88,946; Weichkorn 110,449. Frankfurt/M.: GtM 28,682. Hanau: GtM (1850) 30,531. Heidelberg: ca. 28. Hessen, GrHztm.: (s. 1818) 32. Höchst: GtM (vor 1840) 28,682. Homburg: (ab 1825) 32. Idstein: GtM (vor 1840) 16,669. Limburg/Lahn: GtM (vor 1840) 16,669. Mannheim: ca. 28. Nürnberg: *siehe Korn- und Hafersimmer.* Rheinpfalz: 12,5. Speyer: GtM Hartkorn 330; Weichkorn und Hülsenfrüchte ca. 252. Württemberg: (s. 1806) 22,153.

Simri: GtM in Litern. Hohenzollern: 22,153. Württemberg: Richtwert (bis 1806) 8,308; (s. 1806–1866) 22,153.

Sintener: *siehe Zentner.*

Skrupel: AG, MedG in Gramm. Allgemein neu: 1,159. Baden: 1,302. Bayern: 1,25. Braunschweig: (1837) 1,22; (1857) 1,218; (1870) 1,25. Hannover: 1,218. Lippe-Detmold: (1826) 1,177. Lübeck: 1,25. Mecklenburg: 1,218. Österreich: 1,458. Preußen: 1,218. Sachsen: 1,218. Schweiz: 1,302. Württemberg: 1,242.

Sömmer: GtM Koblenz: (vor 1819) 24,046.

Sommermaß: GtM Lüneburg: *siehe Himten* (vgl. Literaturverz. A 60, Fußnote 84).

Sottel: FM in Thüringen ein 2-Ruten breiter Acker mit einer Gesamtfläche von 22,07 a.

Span: *siehe Achtel.*

Spann: LM Allgemein: 1/8 Lachter (Absolutwerte über jeweiligen Lachter zu errechnen). Braunschweig: (bis 1836) 21,97 cm; (ab 1837) 23,991 cm.

Spanne: LM Böhmen u. Schlesien: 20,092 cm.

Spint (Spind): 1. FM Schleswig-Holstein: 3,125 a.
2. HM in Litern angegeben. Altona: (vor 1844) 6,592; (1870) 8,695. Boitzenburg/Elbe: GtM (1850) 6,731. Bremen: 4,6. Dömitz/Elbe: 3,42. Grabow: 3,42. Ham-

burg: (17./18. Jh.) 6,88; (vor 1872) 6,87. Hamm/Westf.: 14,277. Hannover: (1714–1836) 7,788. Herstelle/Westf.: 7,25. Kleve: (vor 1816) GtM 13,402. Lauenburg/Elbe: 7,792. Lippe-Detmold: GtM (1857) 11,065; (ab 1858) 11,073. Lippstadt: 9,045. Lüneburg, Stadt: (–1692) 15,576. Lüneburg, Fstm.: (1693–1836) 7,78. Mecklenburg-Schwerin: 2,524. Paderborn: GtM (vor 1818) 9,113. Parchim: 3,42. Rostock: GtM 2,524; (1850) 2,431. Schleswig-Holstein: 8,695. Soest: 7,518. Waldeck: GtM Roggen 12,854; Hafer 14,16. Warburg/Westf.: 11,2. Wesel: GtM (vor 1818) 8,917. Wursten, Land: 2,625.

Spintsaat: FM Lippe-Detmold: (vor 1870) 429,147 qm.

Spule: LM f. Garne. Ostpreußen: 3734,85 m.

Staar(Star): 1. GM Bayern: 61,6 kg.
2. GtM Bozen: 30,75 ltr. Südtirol: alter ~ 29,806; neuer ~ 30,743 ltr.

Stab: 1. LM in Metern. Allgemein 1871–1884 gebräuchlich für 1 m. Basel: (vor 1838) 1,179. Frankfurt/M.: 1,182. Freiburg/Schweiz: 1,07. Leipzig: (vor 1840) 1,13. Lippe-Detmold: (1858) 1,158. Meisenheim, Oberamt: 1,2. Osnabrück: 1,188. Preußen: 1,17. Sankt Gallen: 1,179. Schweiz: (s. 1840) 1,2. Solothurn: (1850) 1,182. Zürich: (s. 1829) 1,2.
2. GtM Jever: (1850) 77,766 ltr.

Stabel: LM Österreich: 569,1 m.

Stadteimer: HM in Litern. Bayern: (s. 1811) 73,29. Nürnberg: (1800) 73,683; (s. 1811) 73,29.

Stadtfuß: LM Mannheim: 28,888 cm (a. Nürnberger mit 30,35 cm in Gebrauch).

Stadtmaß: FlM Bamberg: 1,349 ltr.

Stadtrute: LM Hessen-Homburg: 3,452 m.

Stadtschuh: LM Nürnberg: (vor 1811) 30,398 cm.

Stadtsgarten: FM Iserlohn: (s. Ende d. 18. Jh.) ca. 2,5 a.

Stahl: Bergmaß. Salzburg: 1,191 m.

Stall(e)n: GM Siegen: (s. 1667) f. Roheisen 79,46 kg; f. Rohstahl 76,655 kg.

Stang: HM Steiermark: 136,435 ccm. Wien: 136,432 ccm.

Stapp: GtM Jever: 7,729 ltr.

Star: *siehe Staar.*

Starland: FM Innsbruck: 11,162 a.

Starting: WM Grätz/Steierm.: 566,005 ltr.

Stauscheffel: GtM Oldenburg: (1850) 22,979 ltr.

Stechkanne: 1. GM in Kilogramm. Bremen: (–1858) 17,946; (1858–1871) 18,63. Hamburg: (–1858) 18,092.
2. FlM in Litern. Hamburg: f. Öl u. Tran 19,321; (1850) 15,445, Hildesheim: (vor 1836) f. Tran 33,325.

Stecken: RM f. Brennholz in Kubikmetern. Frankfurt/M.: 0,874. Hessen-Darmstadt: (1850) 1,563. Mainz: (vor 1818) 1,785.

Stein: GM in Kilogramm. Baden: (s. 1810) 5. Berg, Hztm.: (1560) kleiner ~ 11,685; großer ~ 18,696. Böhmen: (1835) 9,571. Braunschweig: (14./18. Jh.) f. Wolle 5,145; (17./18. Jh.) schwerer ~ f. Wolle und Flachs 10,289. Bremen: (–1858) f. Flachs 9,97; f. Wolle und Federn 4,985. Danzig: (16. Jh.) großer ~ 14,881; kleiner ~ 10,455; (19. Jh.) 15,434. Dresden: (–1858) 10,274; (ab 1858) 10. Hannover: f. Flachs 9,34; f. Wolle 4,67. Hildesheim: (vor 1836) f. Wolle 4,67. Königsberg: großer ~ 11,437; kleiner ~ 6,931. Lauenburg/Elbe: f. Wolle (–1860) 10,664. Leipzig: (– 1858) 10,288. Lippe-Detmold: (1826) 10,296; (ab 1858) 10. Lübeck: f. Wolle (1826–1860) 10,664; (1800) 4,847. Lüneburg: (–1692) 10,7; (18. Jh.) f. Flachs 9,76; f. Wolle 4,858. Mecklenburg-Strelitz: (1850) leichter ~ 5,331; schwerer ~ 10,662. Österreich: (1850) 11,201. Preußen: schwerer ~ 10,283; leichter ~ 5,141. Rudolstadt: Unterherrschaft (vor 1837) 10,279. Sachsen: (um 1830) 10,279; (nach 1840) 11. Solothurn/Schweiz: (1850) 5,184. Weimar: (–1871) 10,294.

Steinbrecherfuß: LM Bern: (vor 1838) 31,77 cm.

Steinrute: RM f. Bruchsteine. Hohenzollern: 7,054 cbm. Preußen: 13,355 cbm. Vgl. a. Bergrute.

Ster: RM f. Brennholz. Allgemein 1872–1877 im Gebrauch für 1 cbm.

Steuerquartier: FlM Braunschweig: (1702) 0,937 ltr.

Steuertonne: FM Schleswig-Holstein u. Mecklenburg: 54,661 a.

Stibich (Stübich): HM f. Holzkohlen. Nieder-Österreich: (1570) 123,009 ltr.

Stich: 1. LM Nürnberg: *siehe Schuh.*
2. ZM f. Fische: 20 Stück.

Stiege: 1. ZM 20 Stück.
2. LM f. Garn. Flachsgarn: 11,68 m.

Stock: 1. GtM Hamburg: 49,46 hl.
2. LM Wursten, Land: 3,02.

Stocklang: LM Mancherorts üblich für die Längenangabe von 2 Ellen.

Sto(o)f: FlM in Litern. Danzig: WM 1,249. Königsberg: WM (18. Jh.) 1,425; (19. Jh.) 1.17. Kulm: WM 1,431/1,435. Thorn: (vor 1818) 1,249.

Stoß: RM f. Brennholz. Frankfurt/M.: 11,619 cbm. Österreich: 0,682 cbm.

Sto(t)s: 1. FlM Winterthur: WM (vor 1840) 0,337 ltr. Zürich: WM (vor 1840) 0,459 ltr.
2. RM Gotha: (1850) f. Holzkohlen 261,97 ltr.

Strähn: 1. ZM f. Garn. Bayern: 10 Garngebinde (Schneller).
2. LM f. Garn. Bayern: Leinengarn 1999,24 m; f. Baumwollgarn ca. 1000 m. Breslau: f. Leinengarn 2765,36 m. Krefeld: f. Seide 476 m. Preußen: Leinengarn 2743,18 m; Baumwolle/Wolle 768,09; Baumwolle ca. 1000 m; Streichgarn 1467,27 m. Sachsen: Wolle 452 m; Leinengarn 1359,31 m.

Strang: LM Kassel: f. Garn 2796 m.

Straßenscheffel: FM Sachsen: 39,4 qm.

Strich: 1. LM In den Jahren 1871–1884 üblicher Begriff für 1 mm. Österreich: (1851) 6,588 mm.
2. GtM in Böhmen, Sachsen und Schlesien: 93,58 ltr; »gehäufter ~« 107,6 ltr.
3. Mehlmaß im Kleinhandel. Regensburg: (vor 1811) 26,66 ltr.

Strichel: FM Thüringen: 11,035 a.

Stroh(e): ZM Bremen: f. Bücklinge 125 Stück. Preußen: 480 Stück.

Stube: RM Steiermark: 1018,6 hl.

Stübchen: FlM in Litern angegeben. Altona: BM 3,62. Beierstedt/b. Helmstedt: BM 3,534. Bodenwerder/Weser: BM (18. Jh.) 3,888. Braunschweig: BM (17. Jh.) 3,624; (1702–1836) 3,738. Braunschweig-Lüneburg, Fstm.: BM (–1692) 3,888; (ab 1836 wie Kgr. Hannover). Bremen: WM, BrM 3,222; BM (1811) 3,772. Bremervörde: BM (17./19. Jh.) 3,772. Duderstadt: BM, WM (16./19. Jh.) 3,837. Einbeck: BM (–1714) 3,72; (ab 1714) 3,89. Erfurt: WM 3,378; BM 4,092. Hamburg: (1850) 3,622. Hannover: BM (1714–1836) 3,888; BM (ab 1836) 3,894. Helmstedt: BM (1702) 4,06. Hildesheim: BM (1825) 3,646; WM (1827) 3,771; (ab 1836) 3,333. Lübeck: (1850) WM, BrM 3,638; BM 3,725. Lüneburg, Stadt: BM (–1692) 3,554; (ab 1693) 3,63; (ab 1714) 3,89; WM (ab 1693) 3,05. Mecklenburg: 3,879. Nordhausen: BM (18. Jh.) 3,784; (19. Jh.) 8,746. Preußen: 3,77. Rostock: (1850) 3,624. Rudolstadt: BrM Unterherrschaft 5,612. Sachsen: 3,748. Schleswig-Holstein: 3,623. Schöningen: BM (17./18. Jh.) 3,782. Schöppenstedt: BM (18. JH.) 3,899. Worms: (1600) 3,648.

Stübich: *siehe Stibich.*

Stübken: *siehe Stübchen bei den norddeutschen Orten.*

Stück: 1. LM in Metern. Emden: f. handgesponnenes Garn 1512. Hannover: f. Hedegarn 7393,65. Lippe-Detmold: f. Flachs langes ~ (1826) 2667,8; (1857) 2675; kurzes ~ (1826) 1558,6; (1857) 1566. Norden/Ostfriesl.: f. handgesponnenes Garn 1524. Österreich: f. Leinengarn 11219,6. Osnabrück: f. Schergarn 2774,90; f. Vollgarn 1379,48. Ostfriesland: f. Maschinengarn 2688. Ostpreußen: 1867,43. Sachsen, Kgr.: f. Leinengarn 8155,87. Westfalen: 3498,78.
2. FM Oldenburg: 56,036 a.
3. GM Allgemein für 1 Pfund oder 1 kg Butter gebräuchlich. Altena/Westf.: Drahtgewicht 4,58 kg. Iserlohn: Drahtgewicht 4,7 kg. Lüdenscheid: Drahtgewicht 4,58 kg.
4. ZM Bayreuth: 144 Einzelstücke (= 12 Dutzend).
5. HM Nassau: 12 hl.

Stück(faß): FlM in Hektolitern. Baden: (s. 1810) 12. Frankfurt/M.: 11,545 hl. Hessen, GrHztm.: (s. 1818) 12. Köln: (vor 1818) 11,49. Leipzig: 3,034. Mainz: (vor 1818) 10,168; (1850) 12; BM 5,082. Mannheim: (vor 1818) 11,964; (ab 1818) 12. Nassau: (ab 1820) 12. Nürnberg: (s. 1811) 0,662.

Stückle: FlM Kanton Neuenburg/Schweiz: 9,141 hl.

Stuef: LM Süddeutschland und Sachsen: 6,17 mm.

Stütze (Stutzen): FlM in Litern. Baden: (s. 1810) 15. Karlsruhe: (s. 1810) 15. Wallis/Schweiz: 13,5. Neuenburg/Schweiz: 15,234.

Stunde: LM Bern: (vor 1840) 5,279 km.

Stutz: RM Sachsen-Coburg: f. Steine 4,045 cbm. Sachsen-Gotha: f. Holzkohlen 0,252 cbm.

Sümmer: GtM Köln: (vor 1818) 35,885 ltr.

T

Tagbau: FM Etwa jene Ackerfläche, die mit 4 Pferden an einem Tag bestellt werden kann. Österreich: ca. 43,16 a.

Tag(e)werk: FM teilw. a. Morgen oder Juchert genannt. In Aren angegeben. Baden: 36. Bayern (hauptsächliches Verbreitungsgebiet Altbayern, Oberpfalz und Schwaben): (s. 1811) 34,073. Bremen: 51,44. Emden: bei Buchweizenanbau 2,27. Giengen/Württ.: (vor 1806) 44,819. Hannover: 52,42. Nassau: 25. Neresheim/Württ.: (vor 1806) 34,977. Nürnberg: (vor 1811) 47,864. Österreich: 57,546. Salach/Württ.: (vor 1806) 39,889. Württemberg: (1557) 47,276; (nach 1806) 33,093.

Tagmahd: FM Innsbruck: 44,649 a.

Tain: Kohlenmaß. Grafschaft Mark: örtlich unterschiedlich zwischen 65,8 — 84,6 kg.

Talent(um): MG Abkürzung P. *Siehe Pfennig.*

Tausend: ZM Großes ~: 1200 Stück.

Teichacker: FM Mühlhausen/Thür.: 32,308 a.

Teichrute: LM Mühlhausen/Thür.: 4,494 m.

Teut: FlM Grafschaft Mark: 6,87 ltr.

Teute: ÖlM Kleve: (vor 1818) 17,969 ltr.

Theer: HM Hamburg: f. Torf 28,241 hl.

Tierce: WM dem Ohm entsprechend. Hamburg: f. französ. Weine 144,8 ltr.

Töpfchen: Kalkmaß. Hessen-Homburg: 20 ltr.

Töte: FlM Grafsch. Mark: 3,44 ltr.

Toll: LM f. Garne. Königsberg: 933,71 m.

Tonne: 1. GM in Kilogramm angegeben. Bremen: HG f. Tran (alt) 101,581; (–1857) 107,676; (ab 1858) 108; f. Butter 103,462. Danzig: (16. Jh.) f. Butter 111,52; f. Bergener Fisch 48,79; doppelte ~ 97,58. Frankfurt/M.: Schiffsfracht (1850) 1010,694. Hamburg: HG f. Tran (–1858) 108,553; (ab 1858) 108; f. Butter (–1858) Schmalband 108,553; Bucketband 135,691. Lippe-Detmold: f. Salz (bis 1857) 186,964; (ab 1858) 189,4 + Gutgew. v. 2,337. Lüneburg: HG f. Honig (1837) 146,721. Österreich: Schiffsfracht (1850) 1120,02. Preußen: HG f. Viehsalz (–1858) 187,084; f. Kochsalz (–1858) 189,423; (ab 1858)189,4; f. Leinsaat (ab 1858) 85. Rostock: HG zur Schiffsbefrachtung (1850) 969,416; f. Butter (1850) 108,248; f. Seife kleine ~ netto 49,082, brutto 31,991. Siegen: f. Holzkohle (18./19. Jh.) ca. 46,76. Wursten/Land: f. Erbsen u. Bohnen 130,711; f. Weizen und Kartoffeln 122,542; f. Roggen u. Leinsaat 117,639; f. Raps 107,837; f. Gerste u. Hanf 98,033; f. Hafer 73,525.
2. HM in Litern angegeben. Aachen: BM 117,844. Altona: 139,112. Bodenwerder: BM (1635) 163,296. Boitzenburg/Elbe: GtM (1850) 155,556. Braunschweig: BM (17. Jh. –1836) 145,68; (1837–1871)101,179. Braunschweig-Lüneburg: BM (–1692) 202,176; (1704/1733) f. Broyhan 194,376. Bremen: BM 169,65; f. Salz 109,12. Dresden: BM 98,237. Emden: GtM (1850) 196. Flensburg: GtM (1850) 137,05. Hamburg: BM (19. Jh.) 173,38; kleine ~ 144,909; Schmal~ 115,927; f. Tran 115,84; f. Essig 108,66; f. Leinsaat: 129,4; f. Salz (1850) 167,794; f. Kalk u. Kohle (–1844) 158,02; (ab 1844–1873) 164,885; f. Steinkohlen 223,9. Helgoland: BM (1850) 115,833. Hannover:

GtM (1850) 199,372. Heiligkreuz b. Trier: *siehe Trier.* Hildesheim: BM (vor 1836) 150,84. Holstein: 139,112. Iserlohn: 137,404. Jever: GtM (1850) 248,496. Kiel: GtM 118,54. Königsberg: GtM 128,7; BM 143. Leipzig: BM 130,315. Lippe-Detmold: BM 74,315. Löwenbrücken b. Trier: *siehe Trier.* Lübeck: GtM Hartkorn (alt) 136; (1829) 138,056; (1850) 138,776; Weichkorn (alt) 156; (1829) 158,4; (1850) 158,056; f. Butter wie in Hamburg (s.d.). Lüneburg: BM (1737) 202,28. Meiningen: FlM 65,45. Meppen: GtM (1850) 199,372; Münster/Westf.: BM 149,296. Nordhausen: FlM 249,27. Oldenburg: FlM (vor 1836) 178,23; (1836–1871) 182,424; BM (1850) 159,6; GtM (1850) 126. Olevig b. Trier: *siehe Trier.* Osnabrück: BM (vor 1836) 131,749. Ostpreußen: GtM 128,5. Pallien b. Trier: *siehe Trier.* Preußen: BM (vor 1819) 89,2; (ab 1819) 114,5; GtM 137,403; Leinsaat 129,362; Salz, Kalk, Kohlen (1819–1873) 219,846; Honig 88,8. Rostock: BM (1850) 115,968; GtM (1850) 155,556. Sachsen: BM kleine ~ 70,24; große ~ 89,237; (1840–1871) 105; Kohlen, Kalk, Gips usw. (1840–1871) 200. Schleswig-Holstein: TrM 139,112; FlM, BM große ~ 173,89; kleine ~ 115,93. Trier: (vor 1818) BM u. Fettwaren 100,433. Waldeck: BM (1850) 145,024. Winsen/Luhe: BM (1737) 188,344. Wursten, Land: FlM 166,6; GtM Weizen 169; Roggen 168; Gerste 164,5.
3. RM f. Kalk (vor 1818) Trier: 0,152 cbm.
4. FM in Aaren. Holstein: 50,457. Lübeck: innerh. d. Landwehr 50,826; außerh. d. Landwehr 59,296. Mecklenburg: 50,45. Schleswig-Holstein: 54,661.
5. ZM für Heringe. Allgemein: ca. 800 Stück. Danzig: 1040 Stück.

Tonnelata: GM Österreich: 997 kg.

Topf: FlM Schlesien: 2,778 ltr.

Torfklafter: RM Zürich: (vor 1840) 1,971 cbm.

Torfkorb: RM Zürich (vor 1840) 0,164 cbm.

Tripelhufe: FM Pommern: 29,48 ha.

Troypfund: GM Allgemein: 492,16 g.

Trübeichmaß: Württemberg: 1,917 ltr.

Tuch: LM Allgemeines Leinwandmaß: 50 Ellen je nach regionaler Länge der Elle. Lippe-Detmold: (1836) 18,48 m.

Tult: ZM f. Bretter. Lübeck u. Mecklenburg-Schwerin: 12 Bretter.

U

Ueren: *siehe Yhren.*

Umschlag: LM f. Garne in Metern. Delmenhorst: 1,45 bis 2,31. Jever: 1,35. Oldenburg, Stadt: 1,45.

Unze: 1. MG Seit 1837 bis 1871 in allen deutschen Staaten: 29,232 g; (ab 1872) 31,103 g. 2. AG in Gramm. Baden: 31,25. Bayern: 30. Braunschweig: (1837) 29,227; (1858) 30. Hannover: (1836–1871) 29,232. Lippe-Detmold: (1826) 29,25. Mecklenburg: (1850) 29,232. Nürnberg: (1837) 29,818. Österreich: 35,004. Preußen: (1820) 29,212; (1837) 29,232. Sachsen: (ab 1837) 29,232. Schweiz: 31,25. Württemberg: 29,803.

Urne: HM Österreich: 53,77 ltr.

Vaatje: FtM Emden: 12,25 ltr. Norden: 10,752 ltr.

Varrel: GtM Land Wursten: 10,5 ltr.

Veerken: GtM Jever: 61,832; (1850) 62,124 ltr.

Veerp: GtM in Litern. Ostfriesland: 61,8; (1836) 25. Land Wursten: ca. 10,5.

Veert: GtM Rostock: *siehe Viertel.* Wismar: 9,571 ltr.

Veerteken (Veertje): BM Land Wursten: Leichtbier 42 ltr.; Braunbier 25 ltr.

Velten: WM Königsberg: (= Viertel) 8,55 ltr.

Verding: GM Braunschweig: 58,463 g.

Vering: *siehe Vierling.*

Vermessungsfuß: LM in Zentimetern. Altenburg/Thür.: 56,8. Lippe-Detmold: 46,332. Meiningen: 30,397. Sachsen-Coburg: 31,385. Schaumburg-Lippe: 46,416. Schwarzburg-Sondershausen: Unterherrschaft (1850) 28,252. Weimar: 56,76.

Verp: *siehe Veerp.*

Vierfaß: GtM in Litern. Braunschweig: (s. 1837) 7,786. Bremen: (1826) 4,63. Celle: (–1693) 5,68.

Vierling: 1. GM Baden: 125 g.
2. GtM in Litern angegeben. Aargau/Schweiz: 5,588. Augsburg: (vor 1811) 6,416. Hohenzollern: 5,583. Marburg/Lahn: 6,488. Regensburg: (vor 1811) Hartkorn 36,658; Weichkorn 128,302. Rheinpfalz: 3,125. Schaffhausen: (vor 1840) Hartkorn 5,651; Weichkorn 6,369. Stein am Rhein: (vor 1840) Hartkorn 4,072; Weichkorn 4,7. Trier: (vor 1818) Roggen 6,663; Gerste 7,405; Hafer 10,303. Winterthur/Schweiz: (vor 1840) Hartkorn 6,019; Weichkorn 6,938. Württemberg: (Richtwert bis 1871) 5,538. Zürich: (vor 1840) Hartkorn 5,175; Weichkorn 5,213. Zug/Schweiz: (vor 1840) Hartkorn 5,612; Weichkorn 5,639.
3. FlM Innsbruck: 0,203 Ltr.
4. FM in Aren angegeben. Zürich; (vor 1840) f. Rebenland 6,358; f. Wiesen 7,266; f. Äcker 8,175; f. Wald u. Ried 9,083.

Vierlingsmetzen: GtM Waldeck: (1850) 8,569 ltr.

Viernsel: GtM in Litern angegeben. Darmstadt: 28,083. Heidelberg: (alt) 27,854; (s. 1811) 56. Mainz 27,347. Rheinpfalz: 25. Wiesbaden: 27,347. Worms: (1802) 27,858; (1839) 28,083.

Viert: HM Ostpreußen: 13,47 ltr.

Vierte: GtM Salzburg: 0,839 ltr.

Vierteil: FM Böhmen u. Schlesien: 4,807 ha.

Viertel: 1. RM Steiermark: 0,08 cbm.
2. FM in Aren angegeben. Allgemein: 6,383. Baden: (vor 1810) 8,518; (ab 1810) 9. Frankfurt/M.: Feldmaß 6,063; Waldmaß 8,139. Hessen, GrHztm.: (s. 1818) 6,25. Mannheim: (vor 1810) 9,434. Österreich: WGM 28,773. Sachsen, Kgr.: (um 1850) 7,2. Württemberg: (vor 1806) 7,889. Land Wursten: 16,452.
3. HM in Litern angegeben. Aachen: GtM Weichkorn 1,632. Aarau/Schweiz: (vor

1840) 22,355; (nach 1840) 22,519. Altenburg/Thür.: 36,743. Altona: FlM 7,245; GtM 4,374. Apolda/Thür.: GtM (1850) 21,694. Appenzell/Schweiz: GtM (1838) 4,617; FlM (vor 1840) 10,727; (ab 1840) 18,463. Aschaffenburg: GtM (17./18. Jh.) 7,936. Baden: (s. 1810) 18,53. Basel: FlM (1850) 5,69. Bayern: (s. 1811) 18,53. Berlin: 13,74. Bingen: WM (1802) 7,537. Böhmen: GtM 23,396. Bremen: GtM 18,53; WM (19. Jh.) 8,055; BrM 6,444; BM (1824) 7,544. Bultstedt/Thür.: GtM (1850) 19,105. Darmstadt: (vor 1818) 7,807; (ab 1818) 8. Dornburg/Anhalt: GtM (1850) 45,703. Dortmund: Reichsmaß 10,954; Stadtmaß 9,934. Dresden: BM 196,474; GtM (1850) 25,957. Eisenach: GtM 76,168 (a. 76,172 gen.). Erfurt: GtM (1850) 178,84. Frankfurt/M.: WM 7,141; BM 8. Freiburg/Br.: GtM 109,278; FlM 6,605. Fröndenberg: 11,366. Gera: (1850) 26,54. Gotha: (1850) 43,662. Graubünden: (vor 1840) 29,993. Greiz: 39,228. Hagen/Westf.: (1714) 11,45. Hamburg: GtM (17./18. Jh.) 13,75; BM (1824) 7,244. Hanau: WM (18. Jh.) 7,461; (1826) 7,462. Hechingen/Württ.: (1557) 22,938; (1826) 23,275; (1850) 22,059. Heidelberg: WM (1718) 7,91; (vor 1810) 13,413. Hessen, GrHztm.: (s. 1818) 8. Hohenleuben/Thür.: (1850) GtM 8,083. Jena: GtM (1850) 40,03. Kassel: (18. Jh.) 39,688; GtM (s. 1820) 160,736; WM (s. 1820) 7,798. Kißlegg-Wurzach/Württ.: (vor 1806) 31,17. Kleve: GtM (vor 1818) 13,402. Koblenz: FlM (vor 1818) 5,636. Köln: GtM 8,971; FlM 5,524. Königsberg: (1552) GtM 12,85; (1800) GtM 12,87; WM 8,55. Leipzig: BM 260,064. Lübeck: WM, BM (1850) 7,275. Luzern: GtM 55,604. Mainz: WM (vor 1818) 6,779; (1850) 3,888; ÖLM (1850) 7,543. Mannheim: WM 7,976. Mecklenburg-Schwerin: BM 31,032. München: GtM (s. 1811) 18,53. Nordhausen/Thür.: (1850) 11,408. Nürnberg: (s. 1811) 2,29. Osnabrück: (vor 1836) GtM 7,176; WM 4,879; BM 4,88. Preußen: GtM (vor 1819) 13,682; (1819–73) 30,74. Reuß ä. L.: *siehe Zeulenroda.* Reuß j. L.: *siehe Hohenleuben.* Rheinland: WM 7,131. Rostock: a. Faß od. Veert gen. GtM (1850) 9,722 (a. 10,097 gen.); WM (1850) 7,248; BM 28,992. Rot am See/Württ.: 18,53. Rudolstadt: Unterherrschaft GtM 11,408. Sachsen: (um 1800) BM 140,48; (s. 1840) 210; GtM (um 1800) 23,396; (s. 1840) 25,957. Sachsen-Coburg: GtM Hartkorn 22,237; Weichkorn 25,559. Sankt Gallen: GtM (vor 1840) 20,65; WM (vor 1840) 10,498. Schaffhausen: GtM (vor 1840) Hartkorn 22,603; Weichkorn 25,474; FlM (vor 1840) 10,517. Schleiz/Thür.: GtM 48,091. Schlesien: GtM 23,396. Schleswig-Holstein: FlM 7,246; GtM 4,348. Schweiz: (s. 1852) 15. Solothurn/Schweiz: WM (1850) 105,952. Steiermark: GtM 80,59; FlM 17,521. Stein am Rhein: GtM (vor 1840) Hartkorn 16,288; Weichkorn 18,782; WM (vor 1840) lauterer Sinn 9,92; trüber Sinn 10,54. Troppau/Österr.-Schlesien: GtM (vor 1818) 19,08. Ulm: GtM (vor 1806) 2,394. Waldeck: WM (1850) 7,141. Waldsee/Württ.: GtM (1806/12) 23,378. Waltershofen/Württ.: 31,115. Weiltingen/Württ.: 57,48. Weimar: FlM (s. 1810) 18,824; GtM Regional sind Jenaer, Dornburger, Eisenacher, Apoldaer, Bürgel'scher (51,216), Bultstedter, alter Nordhäuser, Erfurter und Dresdner Maß in Gebrauch gewesen. Man siehe die genannten Orte. Winterthur/Schweiz: WM (vor 1840) lauterer Sinn 10,085; trüber Sinn 10,77. Wismar: GtM 9,571. Worms: WM (16./19. Jh.) 7,928. Zeulenroda: GtM (1850) 8,083. Zürich: GtM (vor 1840) Hartkorn 20,7; Weichkorn 20,85. Zug/Schweiz: GtM (vor 1840) Hartkorn 22,45; Weichkorn 22,85. Zurzach/Schweiz: GtM (vor 1840) 22,27.

4. GM Österreich: (1835) 130,322 g.

Viertele(in): FlM Hohenzollern: 0,173 ltr. Württemberg: (Richtwert) 1,73 ltr.

Viertelort: FlM Emden: (1850) 0,096 ltr.

Viertel-Visiermaß: WM Lippe-Detmold: (1826) 7,432 ltr.

Viertling: FlM Böhmen: 0,478 ltr.

Vierup: 1. FlM Aurich: 57,18 ltr. Dornum: 58,84 ltr. Emden: 49 ltr. Hannover: (s. 1836) 49,843 ltr. Leer: 49,14 ltr. Meppen: (vor 1836) 47,786 ltr; (1850) 49,843 ltr. Norden: 55,84 ltr.
2. FM Hannover: 13,105 a.

Virnzel: GtM Trier: (vor 1818) Roggen 26,55 ltr; Gerste 29,621 ltr; Hafer 41,213 ltr.

Visiereimer: FlM a. Biereimer genannt, in Litern angegeben. Bayern: BM (s. 1811) 68,418. Regensburg: (vor 1811) 53,32. Ulm: WM (vor 1806) 220,449. Wien: (1850) 120,286.

Visierkanne: FlM Dresden: 1,403 ltr. Leipzig: WM 1,404 ltr. Sachsen: 1,406 ltr.

Visiermaß: WM Augsburg: 1,777 ltr. Nürnberg: (s. 1811) 1,145 ltr. Das ~ war im allgemeinen bis 1872 ein Maß für Weingroßhändler, dabei etwas größer als das im Kleinhandel übliche Schenk- oder Zapfmaß.

Volkshufe: FM Ost- und Westfalen: 7,66 ha.

Vorling: FM Braunschweig: 12,509 a. Hannover: 13,105 a.

W

Waag(e): GM f. Eisen in Kilogramm angegeben. Bremen: (um 1800) 56,434; (ab 1857) 60. Frankfurt/M.: (bis 1858) 56,125. Hildesheim: (vor 1836) 56,038. Leipzig: 20,575. Lippe-Detmold: (–1858) 56,16; (ab 1858) 60. Mark, Grfsch.: 58,28. Siegen: (1800) f. Stabeisen 56,089; f. Reckeisen 59,595.

Waage-Glas: ZM 360 Stück.

Wagen: 1. RM Nassau: f. Holzkohlen 5,4 cbm.
2. GM Siegen: (1667) f. Roheisen 1271 kg; (18./19. Jh.) für Holzkohle 1169 kg.

Wagepfund: GM Münster/Westf.: 484,519 g.

Wahl (Wall): ZM f. Heringe 80 Stück.

Waldacker: FM Gotha: 33,884 a. Mühlhausen/Thür.: 32,308 a. Man vgl. auch *Waldmorgen.*

Waldfuß: LM Gotha: (1850) 28,265 cm. Trier: (vor 1818) 30,993 cm.

Waldhufe: FM Mühlhausen/Thür.: 24,231 a. Sachsen, Kgr.: 23,905 a (selten: 27,194 a).

Waldklafter: 1. LM Trier: (vor 1818) 3,719 m.
2. RM Frankfurt/M.: 2,905 cbm. Österreich: drei verschiedene: 3,695 cbm, 3,079 cbm, 2,463 cbm. Sachsen, Kgr.: 2,453 cbm. Trier: (vor 1818) 5,72 cbm. Württemberg: 3,668 cbm.

Waldmorgen: FM in Aren. Braunschweig: 33,354. Frankfurt/M.: 32,555. Köln: 38,119. Mergentheim: 23,552. Vgl. a. *Waldacker.*

Waldrute: LM in Metern. Frankfurt/M.: 4,511. Gotha: 4,602. Mühlhausen/Thür.: 4,494.

Waldschuh: LM Orendelsall/Württ.: 49,875 cm. Schwaigern/Württ.: (vor 1806) 31,409 cm.

Waldseil: LM (= Landseil) Böhmen u. Schlesien: 25,316 m.

Wall: *siehe Wahl*

Wanne: Heumaß in Kubikmetern. Hohenzollern u. Württemberg: 12,039.

Webe: LM f. Leinwand. Hamburg: 41,27 m. Die Länge beträgt durchweg 72 Ellen, je nach der örtlichen Länge dieser Ellen.

Wecht: GtM Steiermark: 80,591 ltr.

Wegmaß: LM Zürich: (vor 1840) 4,521 km.

Wegstunde: LM in Kilometern. Baden: (vor 1810) 4,444; (s. 1810) 4. Bern: 5,279. Hessen, GrHztm.: (s. 1818) 5. Schweiz: 4,8. Zürich: (vor 1840) 4,521.

Wehe: FM im Bergbau. Erzgebirge und Rheinland: 11,44 a.

Weife: LM f. Garne. Sachsen: f. Vigognegarn 1467,27 m. Leipzig: f. Seide 452 m.

Weineimer: WM in Litern. Dresden: 67,362. Leipzig: 75,852. Österreich: WM, BrM (18. Jh.) 56,589; (19. Jh.) 58,02. Regensburg: (vor 1811) langer ~ 73,304.

Weinkanne: WM Dresden: 0,936 ltr. Lübeck: 1,819 ltr. Oldenburg: 1,387 ltr.

Weinmaß: WM Kassel: 1,95 ltr. Rheda/Westf.: 1,34 ltr. Rietberg/Westf.: 1,4 ltr. Wiedenbrück/Westf.: 1,34 ltr.

Weinstoof: WM Danzig: 1,711 ltr.

Weinstübchen: WM Lüneburg: (1693) 3,05 ltr.

Weitscheffel: GtM Minden/Westf.: 59,5 ltr.

Weizenlast: GM Wismar: = Schiffslast (1850) 2908,248 kg.

Welle: 1. ZM Reisigbündel. Weimar: (1810–1851) 60 Bündel.
2. Ausmaße von Reisigbündeln. Hessen, GrHztm.: Länge 1,25 m und Durchmesser 25 cm. Kassel: Länge 1,5 m und Durchmesser 75 cm. Württemberg: Länge 1,15 m, Dicke 28,5 cm oder Umfang 86 cm.

Wende (Wente): FM Oldenburg: 55,153 a. Land Stedingen: 12,328 ha.

Werkfuß: LM in Zentimetern. Braunschweig: (1701) 28,525; (1837) 28,536. Coburg: (vor 1872) 30,397. Duderstadt: 28,99. Gotha: 28,76. Halle/Saale: 28,86. Heiligenstadt: 28,31. Hessen, GrHztm.: (vor 1818) 28,77. Homburg: 28,461. Koblenz: (1850) 30,304. Lippe-Detmold: (1870) 28,951. Mecklenburg-Schwerin: 28,65. Meiningen: 28,315. Mühlhausen/Thür.: 28,09. Nassau: (nach 1837) 30. Nordhausen: (um 1810) 29,27. Nürnberg: 30,4. Obereichsfeld: 28,31. Preußen: (1806) 31,38. Rheinland: 31,38. Rudolstadt: Unterherrschaft mit Frankenhausen 31,385. Schwarzburg-Sondershausen: 28,762. Trier: (vor 1816) 29,375. Worbis: 28,65.

Werklinie: LM Homburg: 1,98 mm. Nassau: (nach 1837) 3 mm.

Werklopp: LM f. Garne. Braunschweig: 2190,71 m.

Werkrute: LM in Metern. Bayern: 3,502. Mecklenburg-Schwerin: 4,58. Nassau: (nach 1837) 3. Sachsen-Coburg: 4,256. Trier: (vor 1818) 4,65.

Werkschuh: LM in Zentimetern. Bern: (vor 1838) 29,326. Braunschweig: (1733) 28,525. Königsberg: 30,746. Mainz: (vor 1818) 29,15. Meisenheim, Oberamt: (nach 1837) 33,333.

Werkzoll: LM Frankfurt/M. und Homburg, Amt: 2,372 cm. Nassau: (nach 1837) 3 cm. Im übrigen errechne man die Länge aus 1/12 Werkfuß oder Werkschuh.

Wichhimten: GtM Lüneburg: (bis 1692) Wintermaß 2,988 hl; Sommermaß 3,192 hl. Ab 1693 sind im Fürstentum Lüneburg keine Wichhimten mehr in Gebrauch.

Wicht: GM f. Garn. Lippe-Detmold und Schleswig-Holstein: 1,17 kg.

Wie(de)l: LM f. Garne. Österreich: 140,25 m.

Wiesenschuh: LM Schwaigern/Württ.: (vor 1806) 27,619 cm.

Wintermaß: GtM Lüneburg: *siehe Scheffel.* Man beachte Literaturverz. A 60, Fußn. 84.

Wirtsmaß: FlM in Litern. Bamberg: (1850) 1,349. Basel: (vor 1838) 1,138. Mannheim: (ab 1812) 1,71.

Wispel (a. Winspel): GtM in Hektolitern. Altona: *siehe Hamburg.* Beeskow: 13,29. Boitzenburg/Elbe: (1850) 12,942. Brandenburg: 12,62. Braunschweig: (s. 1837) 12,458. Celle: (–1693) 10,91. Eberswalde: 12,99. Frankfurt/Oder: 12,99. Fürstenwalde: 12,99. Gardelegen: 11,96. Gera: 25,478. Greiz: 37,659. Hamburg: Hartkorn u. Erbsen 10,992; Weichkorn 16,488. Havelberg: 12,37. Kyritz: 12,16. Leipzig: 12,979. Lenzen/Elbe: 12,88. Lüneburg, Stadt: (–1692) Wintermaß 11,952; Sommermaß 15,96. Lüneburg, Fstm.: (ab 1693–1836) 12,44. Lüneburger Heide: 14,953. Mecklenburg-Schwerin: 12,924. Mecklenburg-Strelitz: GtM Hartkorn 13,682; Hafer 14,776. Müncheberg: 12,99. Neuruppin: 12,99. Perleberg: 11,96. Prenzlau: 12,06. Preußen: (bis 1818) 13,135; i. Großhandel f. Hartkorn u. Erbsen 13,682; f. Hafer 14,229; (1819–1873) 13,191; im Großhandel f. Hartkorn u. Erbsen 13,741; f. Hafer 14,290. Pritzwalk: 11,96. Rathenow: 12,16. Sachsen: (ca. 1840–1872) 24,919. Salzwedel: 11,55. Schleiz: 46,168. Seehausen: 11,65. Stendal: 11,13. Storkow: 13,6. Tangermünde: 10,75. Wusterhausen: 13,81.

Wog: *siehe Waag(e)*

Wollgarnhaspel: LM Bünde: 1,4 m. Lippe-Detmold: 1,737 m. Minden: 1,3 m.

Wühre: *siehe Saum.*

Wurf: ZM i. d. Töpferei. Frechen/Rhl.: (1900) 4 Schüsseln oder 12 Tassen. Lünen (1846) und Plettenberg (1846): 2 oder 3 Geschirre gleicher Größe.

Y

Yhren: FlM in Litern. Bozen: 77,81; f. Most 81,81. Innsbruck: 95,317. Tirol: 56,6.

Z

Zain: 1. HM in Kubikmetern. Rheinland u. Westfalen: f. Braunkohle 0,547; f. Holzkohle 0,81. Nassau: f. Braunkohle 0,81; f. Holzkohle 0,54.
2. GM Siegen: (18./19. Jh.) f. Holzkohle ca. 117 kg.

Zapfmaß: FlM Hanau: (18. Jh.) 1,609 ltr. Heidelberg: (1718) 1,748 ltr.

Zehnling: 1. GM Baden: (s. 1810) 50 g.
2. ZM Bremen: f. Felle 10 Stück.

Zehntel: HM Nassau: (s. 1825) 10 ltr.

Zent: GM Lippe-Detmold und Preußen: (1858–1872) 167 mg.

Zentigramm: GM Allgemein 1871–1884 gebräuchlich f. 0,01 g.

Zentner: GM in Kilogramm angegeben. Altenburg/Thür.: (vor 1872) 50. Anhalt: 51,448. Appenzell: (vor 1838) 46,533. Augsburg: (1850) 49,087. Baden: (s. 1810) 50. Bayern: (s. 1811) 56. Berlin: (18. Jh.) 51,388. Böhmen: (1835) 51,425. Braunschweig: (18. Jh.) 53,318; (1835) 46,77; (ab 1842) 50. Bremen: (–1857) 57,862; (ab 1858) 50. Breslau: (1850) 53,531. Coburg: (1850) 50,999. Danzig: (16. Jh.) 51. Emden: (um 1800) 46,854; (1850) 46,771. Frankfurt/M.: (vor 1818) 50,513; (1850) 50,535. Freiburg/Br.: (1850) Trockengew. 49,257; Naßgewicht 52,244. Fulda: (1850) 50,997. Goslar: (1850) 51,459. Gotha: (1850) 51,448. Graubünden: (vor 1838) Schwergew. 52,043; Leichtgew. 46,26. Hamburg: 54,276. Hannover: (vor 1714) 51,4; (18. Jh.) 54,893; (1836–1858) 46,771; (ab 1858) 50 (als Eisenbahngewicht schon ab 1848, als Zollgewicht ab 1854). Hanau: (1850) Hausgewicht 50,335; Kaufmannsgewicht 51,88; Heugewicht 56,15; Fettgewicht 55,565; Fisch- und Buttergewicht 51,471. Heiligkreuz: *siehe Trier.* Hessen, GrHztm.: (s. 1818) 50. Hessen-Homburg: (s. 1825) 50. Hildesheim: (1639) 55,873; (vor 1836) 51,368. Jever: (1850) 52,636. Kassel: (s. 1820) Leichtgewicht 50,524; Schwergewicht 52,298. Koblenz: (vor 1818) 46,634. Köln: (vor 1816) 49,568. Königsberg: (vor 1818) 38,123. Leipzig: (1600) 51,35; (19. Jh.) 51,349. Lippe-Bückeburg: (ca. 1836) 46,771; (ab 1850) wie Hannover. Lippe-Detmold: (1800) 50,544; (1858) 50. Löwenbrücken b. Trier: *siehe Trier.* Lübeck: (1850) 54,287. Lüneburg, Stadt: (15./18. Jh.) 54,41. Lüneburg, Fstm.: (ab 1693) 54,41. Mainz: (vor 1818) leichter ~ 47,069; schwerer ~ 49,893; Krahngewicht: 53,658. Mecklenburg-Schwerin: 50,823; *siehe a. Rostock.* Mecklenburg-Strelitz: (1850) 53,307. Meiningen: 51. Nassau: (s. 1825 50. Nordhausen: (alt) 53,285. Nürnberg: (s. 1811) 51. Österreich: (1850/1858) 56,001. Oldenburg: (vor 1838) 46,771; (ab 1836) 48,037. Olevid und Pallien b. Trier: *siehe Trier.* Osnabrück: (vor 1836) 51,362. Preußen: (vor 1818) 51,448; (ab 1858) 50. Regensburg: (s. 1811) 56,692. Rheinpfalz: 100 (!). Rostock: Kramergewicht 48,403; Stadt- u. Wagegewicht 53,364; HG (1850) 54,287; zur Schiffsbefrachtung (1850) 48,471. Sachsen: (vor 1840) 51,448; (vor 1872) 50. Salzburg: 56,07. Sankt Gallen: (vor 1840) schwerer ~ 57,77; leichter ~ 46,513, Schaffhausen: (vor 1840) schwerer ~ 57,497; leichter ~ 45,997. Schweiz: (ab 1852) 50. Solothurn: (1850) 51,84. Thorn: (vor 1818) 56,191. Trier: (vor 1818) 51,446. Ulm: (vor 1806) 46,88. Waldeck: (1850) schwerer ~ 51,446; leichter ~ 50,48. Weimar: (s. 1810) 51,468. Winterthur: (vor 1840) schwerer ~ 51,846; leichter ~ 46,947. Württemberg: schwerer ~ 48,629; leichter ~ 46,759; (vor 1872) allgemein 48,644. Würzburg: (1810) 50,994. Zürich: (vor 1840) schwerer ~ 52,846; leichter ~ 46,974. Zurzach/Schweiz: (vor 1840) schwerer ~ 52,846, leichter ~ ca. 47.

Zimment: HM Innsbruck: (alt) 0,203 ltr; (neu) 0,354 ltr. Tirol: (alt) 0,25 ltr; (ab 1838) 0,354 ltr.

Zimmer: ZM Allgemein: 40, meistens 60 Stück. Breslau: Füchse 18 Bälge; Zobel 40 Stück. Danzig: 40 Felle.

Zimmerfuß: LM Aachen: (vor 1818) 28,9 cm. Trier: (vor 1818) 30,51 cm.

Zoll: LM in Zentimetern angegeben. Altenburg/Thür.: 2,36. Baden: (s. 1810) 3. Bayern: (s. 1811) 2,432. Braunschweig: (ab 1837) 2,378. Calenberg: (vor 1836) 2,428; (ab 1836) 2,434. Frankfurt/M.: 2,372. Gera: 2,36. Gotha: 2,397. Hannover: (s. 1836) 2,434. Hessen, GrHztm.: (s. 1818) 2,5. Homburg: (vor 1825) 3,452; (ab 1825) 3,333. Kassel: 2,397; Feldmessung 3,99. Lippe-Detmold: (1857) 2,412; (s. 1858) 2,413. Lübeck:

(18. Jh.) 2,397; (19. Jh.) 2,425. Mark, Grfsch.: (1819–71) 2,62. Mecklenburg: 2,388. Meisenheim: 2,778. Nürnberg: 2,533. Österreich: (1851) 2,634. Oldenburg: (ab 1836) 2,466. Preußen: (1773) 1,961; (1819–1870) 2,615. Rudolstadt: 2,352. Sachsen,Kgr.: (–1857) 2,599; (ab 1858) 2,5. Schleswig-Holstein: 2,388. Schweiz: 3. Wien: (1851) 2,634. Württemberg: (1557) 2,375; (s. 1806) 2,865. Wursten, Land: Deichruten~ 2,517; Binnenlandruten~ 2,392–2,517 schwankend. *Siehe Binnenlandrute.*

Zollot: GM seit Mitte des 19. Jh.: 16,666 g.

Zollpfund: GM seit der Mitte des 19. Jahrhunderts gebraucht für das moderne Pfund: 500 g.

Zuber: 1. RM f. Kohlen. Luzern: 0,15 cbm.
2. HM Baden: FtM 15 hl. Duderstadt: BM (1586) 99,762 ltr. Württemberg: Kalkmaß (vor 1872) 73,482 ltr. Mancherorts als Getreidemaß für den Scheffel *(s. d.)* oder den Strich *(s.d.)* gebraucht.

Zulast: FlM in Hektoliter. Baden: 6. Frankfurt/M.: 5,736. Hessen, GrHztm.: 6,4. Mainz: 5,423.

3. Die Maß- und Gewichts-Systeme

Zahlreich sind die im deutschen Vielstaatengebiet dereinst angewendeten Meßsysteme trotz häufiger Ähnlichkeiten. Es wäre daher absurd, in diesem Taschenbuch – sofern es überhaupt möglich wäre – für jeden Ort und für alle Zeiträume Vollständigkeit anstreben zu wollen. Die Verzeichnisse enthalten also eine Auswahl, wie sie die Literatur[1] geboten hat, bzw. soweit sie aus dem vorhandenen Material zu ermitteln oder zu errechnen war. Die Systeme sollen ein Bild über das Verhältnis der einzelnen Maße und ihrer Stellenwerte zueinander vermitteln. Gleichzeitig wird der Leser in manchen Fällen in die Lage versetzt, einen im vorigen alphabetischen Verzeichnis fehlenden Wert selber zu errechnen. Und schließlich dürften die in schriftlichen Überlieferungen auftretenden Maßangaben für den Benutzer leichter verständlich werden.
Ein besonderes Problem bei der Ausarbeitung war die zeitliche Festlegung der Systeme. In vielen Fällen ist es leider nicht gelungen, und wenn ich eine Jahreszahl in () beisetzen konnte, so gilt hier dasselbe, was ich oben (bei 00.b) gesagt habe.

00. Überregional

Zweifellos haben kleine Staaten einzelne Maß- und Gewichtssysteme ihrer größeren Nachbarn aus praktischen Erwägungen heraus schon früh bei sich eingeführt. Doch eine grenzüberschreitende feste Ordnung mit entsprechender Entwicklung ist erst in der zweiten Hälfte des 19. Jahrhunderts zu beobachten. Möglich wurde es durch einen ökonomischen und einen politischen Prozeß.

a) In den nordwestdeutschen Staaten: Der Wiener Vertrag vom 24. Januar 1857 galt grundsätzlich für das Geldwesen. Er beeinflußte jedoch in geringem Maße die derzeitige Gewichtsordnung. Durch Übergang des Münzgewichts von der »kölnischen Mark« (233,855 Gramm) zum Zollpfund (500 Gramm) bei Festsetzung des neuen Münzfußes

1 Siehe Seiten 120–123.

(siehe Seite 93) mußte man die Unterteilung dieses neuen Münzpfundes regeln. Das Ergebnis war dieses System: 1 (Münz)pfund (500 g) = 10 Neulot (à 50 g) = 100 Quint (à 5 g) = 1000 Halbgramm (0,5 g).

In deutschtypischer Uneinigkeit haben nicht alle norddeutschen Teilnehmer am Wiener Vertrag diese Regelung angenommen. Dennoch waren es deren sechs: Braunschweig, Bremen, Hamburg, Hannover, Oldenburg und Schaumburg-Lippe (Lippe-Bückeburg). Ob das System – offiziell bis Ende 1871 gültig – in der Praxis von besonderer Bedeutung war, bleibt fraglich. Allein schriftliche Überlieferungen aus jener Zeit werden jene Gewichtsbezeichnungen möglicherweise nennen. Sie sollten daher hier erwähnt sein. Dabei muß angemerkt werden: Die vorstehend genannte Einheit »Neulot« sollte auf keinen Fall mit dem in Ziff. 2 genannten Gewicht gleichen Namens verwechselt werden.

b) Im Bereich des Norddeutschen Bundes: Nach Auflösung des alten Deutschen Bundes im Jahre 1866 hatten die nördlich des Mains gelegenen Staaten (ohne Limburg und Luxemburg) einen Bundesstaat gebildet. Er hat unter dem Namen Norddeutscher Bund bis 1870 bestanden, wurde mit Wirkung vom 1. Januar 1871 zu einem (neuen) Deutschen Bund und ging mit der Kaiserproklamation am 18. Januar 1871 in das neu gegründete Deutsche Reich auf.

Dieser Bund erließ unter dem 17. August 1868 (Bundes-Gesetzblatt Seite 473) für sein Gebiet eine »Maß- und Gewichtsordnung«. Sie enthält ein System, dessen Gewichtsbezeichnungen heute z.T. vergessen sind. Es zeigt dieses Bild:

Längenmaße: Das Entfernungsmaß 1 Meile = 7500 Meter. 1 Kette (oder Dekameter) = 10 Stäbe (Meter) = 100 Neuzoll (Zentimeter) = 10 000 Strich (Millimeter).

Hohlmaße: 1 Faß (Hektoliter) = 2 Scheffel = 100 Kannen (Liter) = 200 Schoppen (0,5 Liter).

Gewichtsmaße: 1 Tonne = 1000 Kilogramm. 1 Kilogramm = 100 Neulot (à 10 Gramm) = 1000 Gramm. 1 Gramm = 10 Dezigramm = 100 Zentigramm = 1000 Milligramm.

Dieses System sollte anfangs gemäß Art. 22 am 1. Januar 1872 in Kraft treten. Den Mitgliedern des Norddeutschen Bundes war es allerdings gestattet, diese Ordnung bereits ab 1. Januar 1870 anzuwenden.

Im Herbst 1870 hatte sich der Norddeutsche Bund durch Beitritt süddeutscher Staaten zu einem Deutschen Bund entwickelt. Seine Verfassung (Bundesgesetzblatt 1870, S. 627 ff.) war am 1. Januar 1871 in Kraft getreten (Bundesgesetzblatt Seite 657). Nach ihrem Art. 80 trat die vorgenannte Maß- und Gewichtsordung bei allen deutschen Staaten außer Bayern in volle Wirksamkeit. Dort blieb es beim 1. Januar 1872 (Reichsgesetz vom 26. November 1871, RGBl. S. 397). Eine erste Änderung geschah durch ein Gesetz vom 7. Dezember 1873 (RGBl. S. 377). Damals wurde die »Meile« als offizielles Entfernungsmaß abgeschafft.

Die besonderen, heute nicht mehr geläufigen Maß- und Gewichtsbezeichnungen blieben bis zum Jahre 1884 in Gebrauch. Erst das »Gesetz, betr. die Abänderung der Maß- und Gewichtsordnung vom 17. August 1868, vom 11. Juli 1884« (RGBl. S. 115) schaffte sie ab. Seither gilt das heutige System.

01. Die Hansestädte

Anm.: Bremen hat die metrischen Größen für den »Fuß« und das »Pfund« ab 10. Juli 1818 eingeführt. Hamburg hat bis 1851 keinen Beschluß zur Reform der Maße und Gewichte gefaßt.

1. Längenmaße

a) Bremen: 1 Rute = 16 Fuß = 192 Zoll = 2304 Linien; 1 Klafter = 6 Fuß; GaM 1 Lop(f) = 10 Gebind = 900 Faden.

b) Hamburg: 1 Geestrute = 8 Ellen = 16 Fuß = 192 Zoll; 1 Marschrute = 7 Ellen = 14 Fuß = 168 Zoll; 1 Toise = 6 Fuß; 1 Fuß = 12 Zoll = 120 Linien.

c) Lübeck: 1 Rute = 8 Ellen = 16 Fuß = 192 Zoll = 2304 Linien; 1 Klafter (od. Faden) = 6 Fuß = 72 Zoll = 864 Linien; 1 Meile = 405 Ruten.

2. Flächenmaße

a) Bremen: Wesermarsch (17. Jh.) 1 Hufe = 32 Morgen; 1 Land = 30 Tagewerke.

b) Hamburg: Elbinseln (15. Jh.) 1 Hufe = 40 Morgen.

c) Lübeck: 1 Last Aussaat = 24 Tonnen Aussaat = 96 Scheffelsaat.

3. Raummaße

a) Bremen: 1 Roggenlast = 2,5 Registertons; 1 Balje = 12 Eimer.

b) Hamburg: keine ermittelt.

c) Lübeck: 1 Pott (Erde) = 4 Schachtwerke; 1 Faden (Brennholz)= 90 Kubikfuß; 1 Faden (Nutzholz) = 108 Kubikfuß.

4. Getreidemaße

a) Bremen: (1826) 1 Last = 4 Quart = 40 Scheffel = 160 Viertel = 640 Spint.

b) Hamburg: (17./18. Jh.) Hartkorn 1 Last = 3 Wispel = 30 Scheffel = 60 Faß = 120 Himten = 240 Viertel = 480 Spint = 1920 gr. Maß = 3840 kl. Maß; Weichkorn 1 Last = 2 Wispel = 20 Scheffel = 60 Faß = (siehe Hartkorn); Bohnen und Erbsen 1 Last = 3 Wispel = 30 Scheffel = 90 Faß.

c) Lübeck: (18./19. Jh.) 1 Last = 8 Drömt = 24 Tonnen = 96 Scheffel = 384 Faß = 768 Achtenteile.

5. Flüssigkeitsmaße

a) Bremen: (1811) 1 Fuder = 6 Ohm = 240 Stübchen; (19. Jh.) 1 Fuder = 6 Ohm = 24 Anker = 180 Quent = 720 Mengelen; (1825) BrM 1 Oxhoft = 1,5 Ohm = 6 Anker = 30 Viertel = 264 Quart; (1811) BM 1 Bräu = 45 Scheffel (Hartkorn); BM 1 Tonne = 45 Stübchen (WM 40 Stübchen); (1811) Tran 1 Tonne = 6 Stechkannen = 24 Quart = 96 Mengelen.

b) Hamburg: (1704/1717) WM 1 Fuder = 4 Oxhoft = 6 Ohm = 240 Stübchen = 960 Quartier = 1920 Nößel; (1825) WM 1 Fuder = 6 Ohm = 24 Anker = 30 Eimer = 120 Viertel = 240 Stübchen = 960 Quartier = 1920 Nößel; für franz. Rotwein 1 Faß = 4 Oxhoft = 6 Ohm = 24 Anker = 120 Viertel; (1811) BrM 1 Ohm = 4 Anker = 20 Viertel = 40 Stübchen = 160 Quartier; BM 1 Tonne = 48 Stübchen

= 192 Quartier; BM 1 Schmaltonne = 32 Stübchen = 128 Quartier; Essig 1 Tonne = 30 Stübchen = 120 Quartier; Tran 1 Tonne = 7,5 Stechkannen = 32 Stübchen = 128 Quartier.

c) Lübeck: (1850) Allg. 1 Faß = 42 Stübchen = 84 Kannen = 186 Quartier; (18. Jh.) WM 1 Fuder = 4 Oxhoft = 6 Ohm = 24 Anker = 120 Viertel = 240 Stübchen = 960 Quartier = 1920 Nößel (Plank) = 3840 Ort; 1 Faß = 18 Viertel; (1835) BM 1 Ohm(Faß) = 4 Anker = 20 Viertel = 40 Stübchen = 80 Kannen = 160 Quartier = 320 Plank = 640 Ort; (1850) BrM 1 Faß = 30 Viertel = 60 Stübchen = 240 Quartier (od. Kroes).

6. Gewichtsmaße

a) Bremen: (16./17. Jh.) 1 Last = 6 Schiffpfund; (1857) 1 Schiffslast = 4000 Pfund; 1 Pfund schwer = (alt) 325, (1825) 300 Pfund, bei Fracht 308 Pfund; (1825) 1 Schiffspfund = 20 Liespfund = 300 Pfund; 1 Quardeel = 216 Pfund; 1 Tonne = 220 Pfund; 1 Wage (Eisen) = 120 Pfund; 1 Zentner = 116 Pfund; (1825) 1 Stein (Flachs) = 20, (Wolle) 10 Pfund; HG (1818–1857) 1 Pfund = 2 Mark = 16 Unzen = 32 Lot = 128 Quentchen = 512 Ort; (ab 1858) 1 Pfund = 10 Neulot = 100 Quint = 1000 Halbgramm.

b) Hamburg: (18. Jh.) 1 Schiffpfund zur Fuhre (od. Pfund schwer) = 320 Pfund; (18./19. Jh.) 1 Schiffpfund = 20 Liespfund = 280 Pfund; 1 Quardeel = 116 Pfund;, 1 Zentner = 112 Pfund; 1 Stein (Flachs) = 20, (Wolle, Federn) 10 Pfund; HG (bis 1857) 1 Pfund = 32 Lot = 128 Quent; (ab 1858) wie Bremen.

c) Lübeck: (18./19. Jh.) 1 Schiffslast zur Fuhre (od. Frachtschifflast) = 320 Pfund; 1 Zentner = 8 Liespfund = 112 Pfund; 1 Stein (*siehe Bremen);* HG 1 Pfund Stadtgewicht = 32 Lot = 128 Quentchen (bis 1860).

7. Zählmaß

a) Bremen: 1 Last Bücklinge = 20 Stroh.

02. Raum Nordelbingen

Anm.: 1. Lübeck *siehe unter 01. Hansestädte.* 2. Das Herzogtum Schleswig ist 1866 an Preußen gefallen und bildete sodann mit dem Herzogtum Holstein die Provinz Schleswig-Holstein. Zu ihr kam 1876 noch das ehemalige Herzogtum Lauenburg hinzu. Alle drei Gebiete sind in der folgenden Aufstellung unter dem Begriff Schleswig-Holstein zusammengefaßt. 3. Die beiden Großherzogtümer Mecklenburg-Schwerin und Mecklenburg-Strelitz sind ebenfalls in einer Gruppe aufgeführt. Dort wurde schon 1757 eine übersichtliche Ordnung für die im Lande geltenden Maße und Gewichte eingeführt. Das metrische System setzte sich um die Mitte des 19. Jahrhunderts durch.

1. Längenmaße

a) Schleswig-Holstein: 1 Rute = 16 Fuß = 192 Zoll = 2304 Linien; 1 Klafter (Faden) = 6 Fuß = 72 Zoll; 1 Elle = 2 Fuß.

b) Mecklenburg: 1 Rute = 16 Fuß = 192 Zoll = 2304 Linien; Rostock = 176 preuß. Zoll = 2064 preuß. Linien.

2. Flächenmaße

a) Schleswig-Holstein: 1 Last Aussaat = 24 Tonnen Aussaat = 96 Scheffelsaat.

b) Mecklenburg: (16./17. Jh.) 1 Hufe = 24 Morgen (im nordwestl. Teil), 21 Morgen (in Ribnitz), 300 Rostocker Scheffelsaat (in Schwerin).

3. Raummaße

a) Schleswig-Holstein: 1 Pott (Erde) = 4 Schachtwerke.

4. Getreidemaße

a) Schleswig-Holstein: 1 Last = 24 Tonnen = 192 Scheffel = 768 Himten = 3072 Spint; (1850) 1 Drömt = 3 Tonnen = 12 Scheffel = 48 Spint = 192 Kannen = 384 Kopp; Gebiet d. Grafen Rantzau: (vor 1866) 1 Last = 24 Ortich = 32 Tonnen = 240 Schipp. Altona: 1 Tonne = 8 Scheffel = 32 Viertel; f. Hülsenfrüchte 1 Tonne = 4 Himten = 16 Spint = 32 Kannen. Kiel: (1850) 1 Tonne = 3 Scheffel.

b) Mecklenburg: 1 Last = 8 Drömt = 16 Sack = 24 Tonnen = 96 Scheffel = 384 Viertel (Faß) = 1536 Spint(Metzen). Strelitz: 1 Sack = 6 Himten = 24 Spint. Schwerin: (1850) 1 Sack = 6 Himten. Boitzenburg: 1 Last = 3 Wispel = 24 Sack = 96 Scheffel = 144 Himten = 576 Spint.

5. Flüssigkeitsmaße

a) Schleswig-Holstein: Allgemein 1 Spint = 4 Kannen = 8 Quartier = 16 Oesel; WM 1 Oxhoft = 1,5 Ahm = 6 Anker = 9 Eimer = 36 Viertel = 288 Stübchen; BM 1 große Tonne = 48 Stübchen; 1 kleine Tonne = 32 Stübchen. Altona: 1 Ohm = 4 Anker = 5 Eimer = 20 Viertel = 40 Stübchen = 80 Kannen = 160 Quartier. Eutin: (1850) BM 1 Schmalbandtonne = 30–32 Stübchen.

b) Mecklenburg: (1850) WM 1 Oxhoft = 1,5 Ohm = 6 Anker = 240 Pott = 960 Pegel; (1825) BM 1 Fuder = 6 Ohm = 24 Anker = 30 Eimer = 120 Viertel = 240 Stübchen = 480 Kannen = 960 Pott (od. Quartier). Rostock, Schwerin: (1850) WM 1 Fuder = 4 Oxhoft = 6 Ahm = 24 Anker = 108 Eimer = 432 Viertel = 864 Stübchen = 1728 Kannen = 3456 Quartier (Pott) = 6912 Össel (Planken) = 13824 Pegel (Ort); BM 1 Tonne = 4 Viertel = 64 Kannen = 128 Pott = 256 Össel = 512 Pegel. Wismar: (18. Jh.) WM 1 Faß = 18 Viertel.

6. Gewichtsmaße

a) Schleswig-Holstein: 1 Schiffpfund zur Fuhre = 320 Pfund; 1 Zentner = 112 Pfund; AG 1 Pfund = 12 Med.-Unzen = 24 Med.Lot; HG (bis 1857) 1 Pfund = 100 Quint = 1000 Oertgen; (ab 1858) 1 Pfund = 10 Neulot = 100 Quint = 1000 Halbgramm; 1 Last (Salz) = 18 Tonnen.

b) Mecklenburg: Allgemein 1 Schiffslast (Schiffsbefrachtung) = 2 Tonnen = 40 Zentner = 400 Pfund; Tragfähigkeit der Schiffe 1 Roggenlast = 6000 Pfund; Ölgewicht 1 Pipe = 820 Pfund; Butter 1 Tonne = 224 Pfund; Seife 1 kl. Tonne = 66 Pfund brutto od. 60 Pfund netto; 1 Zentner = 100 Rostocker oder 110 Strelitzer Pfund. Rostock: (1825) 1 Schiffpfund zur Fuhre = 20 gr. Liespfund = 320 Pfund; 1 Schiffpfund = 2,5 Zentner = 20 kl. Liespfund = 280 Pfund; 1 Zentner = 105 Pfund Stadtgewicht od. 100 Pfund Kramergewicht; 1 Stein (Flachs) = 20 Pfund, (Wolle & Federn) 10 Pfund.

03. Raum Niedersachsen

Anm.: 1. In diesem Abschnitt sind zusammgefaßt: Das Herzogtum Braunschweig, das Kurfürstentum bzw. Königreich Hannover, das Großherzogtum Oldenburg und das Fürstentum Schaumburg-Lippe (Lippe-Bückeburg). 2. Es haben neue Maß- und Gewichtssysteme eingeführt: Braunschweig mit Gesetz vom 30. März 1837 (in Kraft am 1.1.1838), Hannover mit Gesetz vom 19. August 1836, Oldenburg mit Kammerbekanntmachung vom 24. Februar 1838 und Schaumburg-Lippe durch Angliederung an die Hannoversche Regelung etwa 1837.

1. Längenmaße

a) Braunschweig: (1704) 1 Rute = 16 Schuh (Fuß) = 176 Zoll b. Werkschuh, 192 Zoll b. Stadtschuh; 1 Lachter = 8 Spann; GaM 1 Lopp = 10 Gebind = 100 Ellen = 200 Fuß = 900 Fäden.

b) Hannover: (1613–1836) 1 Meile = 2000 Ruten = 32000 Fuß (oder 12000 Schritte, bzw. 2 Stunden Weges); (1836–1871) 1 (Post-)Meile = 25400 Fuß; (ab 1714) 1 Lachter = 8 Spann = 80 Lachterzoll; (1836–1871) 1 Rute = 16 Fuß = 192 Zoll = 2304 Linien; 1 Klafter = 6 Fuß = 72 Zoll = 864 Linien; 1 Elle = 2 Fuß = 24 Zoll = 288 Linien. Duderstadt: 1 Rute = 19 Fuß. Jever: 1 Rute = 14, im Grodenland 20 Fuß. Land Wursten: (1634) 1 Deichrute = 20 Fuß = 240 Zoll; 1 Binnenlandrute = 20 Fuß = 40 Zoll.

c) Oldenburg: (vor 1836) 1 Rute = 20 Fuß = 240 Zoll; (ab 1836) 1 Rute = 18 Fuß = 216 Zoll; (vor 1836) 1 Deichrute = 20 Fuß.

d) Schaumburg-Lippe; 1 Rute = 16 Fuß = 192 Zoll = 2304 Linien.

2. Flächenmaße

a) Braunschweig: 1 Feldmorgen = 2 Vorlinge; 1 Morgen = 2 Himtensaat. Amt Wickensen: (16. Jh.) 1 Hufe = 24 (auch 30) Morgen.

b) Hannover: (17. Jh.) 1 Königshufe = 6 Volkshufen. Südhannover: (16. Jh.) 1 Hufe = 24 (auch 30) Morgen. Northeim: (18. Jh.) 1 Hufe = 30 (auch 40) Morgen. Land Hadeln: (um 1800) 1 Hufe = 30 Morgen = 360 Himtsaat; (bis 1714) 1 Morgen = 1 $^1/_3$ Drohm = 2 Vorlinge. Diepholz, Hoya, Verden: 1 Morgen = 2 Himtsaat. Calenberg: 1 Morgen = 3 Holle. Ostfriesland: 1 Demat = 1 $^1/_3$ Grasen = 6 Hunte. Osnabrück: (1778) 1 Malter(saat): = 4 Morgen = 12 Scheffelsaat. Ostfalen: 1 Hägerhufe = 2 Landhufen = 4 Hakenhufen = 60 Morgen.

c) Oldenburg: 1 Morgen = 2 $^2/_9$ Wente = 6 Hunte. Land Stedingen: 1 Morgen = 20 Scheffelsaat. Cloppenburg und Damme: 1 Scheffelsaat = 16 Kannen (Aussaat). Essen: 1 Scheffelsaat = 20 Kannen (Aussaat). Kniphausen: 1 Gras = $^2/_3$ Matt.

d) Schaumburg-Lippe (Lippe-Bückeburg): (16./17. Jh.) 1 Hufe = 30 Calenberger (od. 33 Schaumburger) Morgen. Stadthagen: (16. Jh.) 1 Hufe = 25 (auch 30, 33, 40) Morgen. Obernkirchen: (16. Jh.) 1 Hufe = 34 Morgen 1 Drohm. 1 Acker = 1,5 Morgen.

3. Raummaße

a) Hannover: (ab 1714) 1 Kasten (Kohlen) = 8 Scheffel. Lüneburg: (17. Jh.) 1 Last (Salz) = 12 Tonnen = 3 Wispel = 18 Salzscheffel netto (brutto 234 Liespfund).

b) u. c) keine Besonderheiten.

d) Schaumburg-Lippe (Lippe-Bückeburg): 1 Bergfuder (Steinkohlen) = 26 Balgen.

4. Getreidemaße

a) Braunschweig: (1693–1825) 1 Wispel = 4 Scheffel = 40 Himten = 160 Vierfaß (oder Metzen) = 640 Mühlenköpfe (od. Loch).

b) Hannover: (18. Jh.) 1 Fuder = 12 Malter = 36 Scheffel = 72 Himten = 216 Metzen; (1825) 1 Last = 2 Wispel = 16 Malter = 96 Himten; (ab 1836) 1 Last = 16 Malter = 60 Vierup = 96 neue Himten = 384 Metze = 1536 Mühlenköpfe (oder Hoop).
Einzelgebiete: Ankum: 1 Malter = 14 Scheffel. Celle: (bis 1692) 1 Wispel = 4 Scheffel = 48 Himten = 192 Vierfaß; (ab 1693) = 40 Himten = 160 Metze; (vor 1836) 1 Last = 2,5 Wispel = 10 Scheffel = 100 Himten = 400 Spint. Damme: 1 Malter = 8 Scheffel. Emden: (1825) 1 Last = 15 Tonnen = 30 Sack = 670 Veer (Vierup)= 120 Scheffel = 240 Vaatjes = 1920 Kroes. Hildesheim: 1 Fuder = $13^1/_3$ Malter = 40 Scheffel = 80 Himten = 320 Metzen. Hoya: (ab 1714) 1 Fuder = 9 Malter (Molt) = 108 Scheffel. Iburg: 1 Malter = 12 Scheffel. Lingen: 1 Malter = 9 Scheffel. Lüneburg: (bis 1692) Wintermaß 1 Wispel = 4 Wichhimten = 8 Sack = 24 Scheffel (od Sößlinge) = 48 Himten = 192 Spint; Sommermaß 1 Wispel = 5 Wichhimten = 10 Sack = 30 Scheffel = 60 Himten = 240 Spint; (ab 1693) sind 40 alte Himten = 50 neue Himten, fortan ein System für alle Getreidearten; (ab 1714) im Fstm. L. 1 Last = 2,5 Wispel = 10 Scheffel = 100 Himten = 400 Spint = 1600 Metze; (vor 1836) 1 Wispel = 20 Scheffel = 40 Himten = 160 (ab 1837 = 80) Spint. Osnabrück: (17./18. Jh.) 1 Malter = 12 Scheffel = Roggen 528 Pfund, Gerste 480 Pfund, Hafer 360 Pfund; (1825) 1 Last = 8 1/3 Malter = 100 Scheffel = 400 Viertel = 1600 Bechert; 1 Fuder = 6 Malter. Rothenfelde: (17./18. Jh.) 1 Molt = 12 Himten. Land Wursten: 1 Tonne = 4 Scheffel = 16 Varrel = 64 Spint.

c) Oldenburg: (1825) 1 Last = 12 Molt = 18 Tonnen = 144 Scheffel; 1 Tonne = 8 Scheffel = 16 Kannen = 64 Ort. Delmenhorst: 1 Last = 144 Scheffel = 2592 Kannen. Jever: 1 Last = 12 Tonnen = 48 Veerken = 96 Scheffel = 384 Stapp.

d) Schaumburg-Lippe (Lippe-Bückeburg): 1 Fuder = 2 Malter = 96 Himten = 384 Metzen (od. Matten).

5. Flüssigkeitsmaße

a) Braunschweig: (1702) WM 1 Ohm = 4 Anker = 40 Stübchen = 80 Halbstübchen (Maß) = 160 Quartier = 320 Nößel (Ößel) = 640 Halbnößel; (1733/1825) 1 Fuder = 2 Pipen = 4 Oxhoft = 6 Ohm = 240 Stübchen = 960 Quartier; (1835) BM 1 Tonne = 27 Stübchen = 106 Quartier. Helmstedt: (17. Jh.) WM 1 Ohm = 40 Stübchen = 106 Quartier.

b) Hannover: Allgemein 1 Tonne = 4 Vierup; WM (1825) 1 Fuder = 4 Oxhoft = 6 Ohm = 15 Eimer = 24 Anker = 480 Kannen = 960 Quartier; 1 Eimer = 16 Stübchen; BrM 1 Fäßchen = 9 Krüge = 36 Ort = 144 Maatjes; (1714/1836) 1 Anker = 10 Stübchen = 20 Kannen = 40 Quartier = 80 Nößel; BM (bis 1836) 1 Ohm = 4 Anker = 40 Stübchen = 80 Kannen; 1 Faß = 104 Kannen; (ab 1836) 1 Ohm = 40 Stübchen = 80 Halbstübchen = 160 Quartier = 320 Nößel = 640 Halbnößel

(Dasselbe System in Lüneburg vor 1693!). Duderstadt: (s. 1793) BM 1 Zuber = 20 Stübchen. Göttingen: (16. Jh.) BM 1 Stübchen = 2 Halbstübchen = 4 Quartier = 8 Nößel Emden: 1 Kanne (Krug) = 4 Ort = 10 Maatjes. Hildesheim: (alt) WM, BrM 1 Fuder = 4 Oxhoft = 6 Ohm = 24 Anker = 240 Stübchen = 960 Quartier = 1920 Ösel; BM 1 Faß = 2,5 Tonnen = 100 Stübchen = 400 Quartier; Tran 1 Oxhoft = 6 Stechkannen = 96 Mengel. Lüneburg: (1693) WM 1 Ohm = 48 Stübchen; (1704/1717) 1 Fuder = 4 Oxhoft = 6 Ohm = 240 Stübchen = 960 Viertel = 1920 Nößel; (16. Jh.) BM 1 Bierfaß = 3 Ohm = 120 Stübchen; (1737) Salinenmaß 1 Kumm = 825 Stübchen. Osnabrück: (18. Jh.) 1 Tonne = 27 Viertel = 108 Kannen; (1825) WM 1 Fuder = 6 Ohm = 168 Viertel = 672 Kannen = 2688 Ort = 10752 Helfchen. Land Wursten: BM 1 Tonne = 32 Fahm = 128 Kros.

c) Oldenburg: (1825) WM 1 Oxhoft = 1,5 Ohm = 6 Anker = 156 Kannen (oder 240 Quentin = 624 Ort); BM 1 Tonne = 4 Henkemann = 112 Bierkannen.

d) Schaumburg-Lippe (Lippe-Bückeburg): WM 1 Oxhoft = 6 Anker = 168 Maß = 672 Ort; 1 Last = 60 Vierup = 240 Fäßchen = 8640 Krüge; BM 1 Faß = 4 Tonnen = 104 Stübchen = 416 Quartier = 3328 Ösel; Honig 1 Faß = 25,5 Stübchen.

6. Gewichtsmaße

a) Braunschweig: (1704/1733) 1 Seeschiffsladung = 100 Schiffslast; (1835) 1 Schiffslast = 40 Zentner = 4000 Pfund; 1 Schiffpfund = 20 Liespfund; (18. Jh.) 1 Liespfund = 14 Pfund; 1 Liespfund zur Fuhre = 17 Pfund; (bis 1836) 1 Zentner = 114 Pfund, (ab 1837) = 100 Pfund; (16./18. Jh.) 1 schwerer Stein (Wolle u. Flachs) = 22 Pfund; 1 Stein (Wolle u. Flachs) = 11 Pfund; (16./18. Jh.) HG 1 Pfund = 2 Mark = 8 Verding = 16 Unzen = 32 Lot = 128 Quentin; (1858) 1 Pfund = 10 Neulot = 100 Quint = 1000 Halbgramm; (1837) AG 1 Pfund = 12 Unzen = 96 Drachmen = 288 Skrupel = 5760 Gran. Wolfenbüttel: (18. Jh.) 1 Schiffslast = 12 Schiffpfund = 240 Liespfund = 4000 Pfund zur Fracht.

b) Hannover: Allgemein: (1717/1825) 1 Last = 12 Schiffpfund = 240 Liespfund = 3360 Pfund; Bier, Heringe, Hopfen 1 Last = 12 Tonnen, Butter und Salz = 18 Tonnen; (1835/58) 1 Schiffslast = 40 Zentner = 4000 Pfund; 1 Zentner = 8 Liespfund = (1693) 112, (1714) 110, (1825) 112, (1836) 100 Pfund; (1717) 1 Stein (Wolle) = 11 Pfund; (bis 1858) HG 1 Pfund = 32 Lot = 128 Quentchen; (ab 1858) 1 Pfund = 10 Neulot = 100 Quint = 1000 Halbgramm; AG 1 Med.-Pfund = 12 Unzen = 24 Lot = 96 Quentchen; Juwelengewicht 1 Quentchen = 17,77 Karat. Emden: (1825) 1 Schiffpfund = 3 Zentner = 300 Pfund. Goslar: 1 Pfundschwer = 330 Pfund; 1 Zentner = 10 Stein = 110 Pfund. Hildesheim: 1 Pfundschwer = 300 Pfund; 1 Zentner = 10 Stein = 110 Pfund. Lüneburg: (1692/1787) 1 Schiffpfund = 20 Liespfund = brutto 320, netto 280 Pfund; (16./17. Jh.) 1 Last = 12 Tonnen = brutto 276, netto 240, (17. Jh.) 234 Liespfund; (ab 1693) 1 Pfundschwer = 320 Pfund; (17. Jh.) 1 Stein (Flachs) = 20, (Wolle) = 10 Pfund. Osnabrück: (18. Jh.) 1 Pfundschwer = 30 Stein = 300 Pfund; 1 Zentner = 108 Pfund; 1 Liespfund = 14 Pfund.

c) Oldenburg: (1825) 1 Schiffpfund (Pfundschwer) = 3 Zentner = 300 Pfund; (1850) 1 Schiffpfund = 24 Liespfund = 290 Pfund; 1 Zentner = 100 Pfund; (bis 1846) HG 1 Pfund = 32 Lot = 128 Quentchen = 512 Pfenige = 8192 Aß; (ab 1858) 1 Pfund = 10 Neulot = 100 Quint = 1000 Halbgramm; 1 Quardeel = 216 Pfund.

d) Schaumburg-Lippe (Lippe-Bückeburg): 1 Schiffslast = 2 Tonnen = 40 Zentner = 4000 Pfund; 1 Last = 12 Schiffpfund = 30 Zentner = 3000 Pfund; 1 Schiffpfund = 280 Pfund; 1 Pfundschwer = 320 Pfund; 1 Zentner = 112 alte oder 110 neue Pfund; 1 Liespfund = 14 Pfund; HG 1 Pfund = 2 Mark = 16 Unzen = 32 Lot; 1 Lot = 4 Quentchen = 16 Pfennige = 304 Aß; (ab 1858) 1 Pfund = 10 Neulot = 100 Quint = 1000 Halbgramm; AG 1 Pfund = 12 Unzen = 24 Lot = 96 Drachmen = 288 Skrupel = 5760 Gran.

04. Raum Westfalen

Anm.: Neben der preußischen Provinz Westfalen umfaßt dieser Raum auch das frühere Fürstentum Lippe-Detmold, das seine Maß- und Gewichtssysteme mit Gesetz vom 12. August 1857 neu geordnet hat. Wirksam wurde diese Neuregelung nach einer Verzögerung von zwei Monaten am 1. September 1858. Im preußisch-westfälischen Gebiet galt ab 1.1.1819 die preußische Maß- und Gewichtsordnung vom Jahre 1816, doch dürften einzelne Regionen sie schon früher angewendet haben.

1. Längenmaße

a) Provinz Westfalen: 1 Rute = 16 Fuß = 192 Zoll = 2304 Linien; Halle/Westf.: GaM 1 Haspel = 3 Ellen (in Driburg 4).

b) Lippe-Detmold: (1866) 1 Meile = 25585 Fuß; (1870) 1 Meile = 2000 Ruten = 23000 Fuß; (1866) 1 Meßkette = 3 Ruten; (1791/1826) 1 Rute = 8 Ellen = 16 Werk- oder 20 Dezimalfuß = 192 Zoll = 2304 Linien; (1866) 1 Rute = 2 Bergbaulachter = 4 Stäbe = 8 Ellen = 16 Fuß; 1 Stab = 2 Ellen = 4 Fuß = 48 Zoll = 576 Linien; 1 doppelte Legge-Elle = 4 Fuß 2 Zoll 7 Linien; (1866/1870) 1 langer Haspel = 3,5 Ellen = 7,6 Werkfuß; 1 kurzer Haspel = 2,5 Ellen = 4,5 Werkfuß; 1 Wollgarnhaspel = 3 Ellen = 6 Werkfuß; (1791/1866) Leinwandmaß 1 Stück = 3 Mal = 60 Ellen = 120 Werkfuß; (1791) Tuchmaß 1 Saum = 22 Tuch.

2. Flächenmaße

a) Provinz Westfalen: 1 Hägerhufe = 2 Landhufen = 4 Hakenhufen = 60 Morgen. Grafsch.Mark: 1 Hagenhufe = 2 Hufen.

b) Lippe-Detmold: (1791/1871) 1 Morgen = 1,5 Scheffelsaat = 4 Gart; 1 Scheffelsaat = 4 Spintsaat = 8 kleine Metzen (Aussaat); (1870) 1 Fuder (Aussaat) = 4 Molt (Aussaat) = 28 Scheffelsaat.

3. Raummaße

a) Provinz Westfalen: Grafsch.Mark: 1 Haufen (Holz) = 4,5 Klafter; 1 Karre (Holzkohlen) = 4 Tain.

b) Lippe-Detmold: (1870) 1 Bergrute (Mauerwerk, Stein) = 4 Schachtruten; (1866/1870) 1 Kohlenscheffel (auch f. Holzkohlen) = 2 Roggenscheffel; 1 Kalkscheffel = 4 Roggenscheffel.

4. Getreidemaße

a) Provinz Westfalen: Corvey: 1 Scheffel = 4 Metzen = 16 Becher. Dortmund: 1 Malter = 4 Scheffel = 16 Viertel = 80 Becher. Eichlinghofen und Essen/Ruhr: (bis 1841) 1 Scheffel = 4 Viertel = 20 Becher. Fröndenberg: (bis 1841) *siehe Dortmund.* Hagen/Westf.: (1714–1841) *siehe Dortmund.* Hamm: (bis 1841) 1 Scheffel = 4 Spint = 16 Metzen = 32 Becher. Hausberge/Porta Westf.: (ab 1741) 1 Fuder = 36 Scheffel. Herstelle: (bis 1841) *siehe Hamm.* Huckarde: (bis 1841) 1 Scheffel = 24 Becher. Iserlohn: (bis 1841) *siehe Dortmund.* Lippstadt: (bis 1841) 1 Malt = 25 Scheffel = 100 Spint = 1600 Becher. Lübbecke: (ab 1714) 1 Fuder = 60 Scheffel. Minden: (ab 1714) 1 Fuder = 36 Scheffel; 1 Weitscheffel = 1,91 hannov. Himten. Münster/Westf.: (1850) 1 Malter = 12 Scheffel = 144 Becher = 576 Mäßchen; 1 Last = 122 Scheffel. Paderborn: (1850) 1 Fuder = 48 Scheffel = 192 Spint = 768 Becher. Petershagen/Weser: (ab 1714) *siehe Hausberge/Porta Westf.* Rietberg: 1 Müdde = 2 Scheffel. Schlüsselburg: (ab 1714) *siehe Hausberge/Porta Westf.* Soest: (bis 1841) 1 Malt = 12 Müdde = 24 Scheffel = 192 Spint = 384 Becher. Stemwede/Dümmersee: 1 Fuder = 90 Scheffel. Unna: 1 Scheffel = 28 Becher.

b) Lippe-Detmold: (1791/1866) Roggen 1 Fuder = 4 Molt = 12 Malter = 48 Scheffel = 288 große od. 384 kleine Metzen. Hafer 336 große Metzen; (1791/1826) 1 Molt = 12 (in Varenholz 8) Scheffel; (1866) 1 Mahlmetze = 1/24 Roggenscheffel; (1866) Hartkorn 1 Scheffel = 4 Spint = 6 große oder 8 kleine Metzen, Weichkorn = 7 große Metzen.

5. Flüssigkeitsmaße

a) Provinz Westfalen: Iserlohn: 1 Tonne (Ohm) = 108 Kannen (Maß) = 432 Ort. Grafsch. Mark: 1 Bütte = 20 Maß = 80 Ort; WM 1 Ohm = 2 Eimer = 4 Anker = 40 Metzen = 120 Quart. Münster/Westf.: 1 Tonne = 112 Kannen. Wetter/Ruhr: 1 Scheffel = 37 Kannen = 148 Ort.

b) Lippe-Detmold: (1791) WM 1 Fuder = 4 Oxhoft = 6 Ohm = 24 Anker = 2592 Kannen; (1826) 1 Fuder = 4 Oxhoft = 6 Ohm = 120 Viertel; auch 1 Anker = 27 Kannen = 54 Viertel; (1866) 1 Oxhoft = 1,5 Ohm = 3 Anker = 150 Kannen (Maß, Quartier); 1 Kanne = 2 Halbekannen = 4 Ort = 8 Halbeort; 1 Stückfaß = 5,5 Oxhoft = 8 Ohm; 1 Eimer = 2 Anker: (1826) BM 1 Spint = 4 Becher; (1866) 1 Tonne = 3 Anker = 78 Kannen.

6. Gewichtsmaße

a) Provinz Westfalen: Allgemein: vgl. 10. Raum Ost. Grafschaft Mark: 1 Karre (Rohstahl) = 7 Mesen = 980 köln. Pfund; Stabeisen 1 Karre = 8 Waag = 992 köln. Pfund; Kohlen 1 Korb = 5 Tain.

b) Lippe-Detmold: (1791/1826) 1 Schiffslast = 308 Pfund; (1791) 1 Last Hering, Hopfen, Bier = 12 Tonnen = 4860 Pfund; 1 Last Salz, Butter = 18 Tonnen = 7290 Pfund; (1858/1870) 1 Schiffslast = 40 Zentner = 4000 Pfund; (1791) 1 Waage Eisen = 120 Pfund; (1791) 1 Wicht Garn = 2,5 Pfund; HG (1826) 1 Pfund = 16 Unzen = 32 Lot; (ab 1842–1857) 1 Pfund = 30 Lot = 300 Quentchen = 3000 Cent = 30000 Korn; (ab 1858) 1 Zollpfund = 30 Lot usw. wie vor; AG (1791–1857) 1 Pfund = 12 Unzen = 24 Lot = 96 Drachmen (od. Quentlein) = 288 Skrupel = 5760 Gran (ab 1858 außer Gebrauch).

05. Raum Rhein-Moselgebiet

Anm.: Hier ist die ehemals preußische Rheinprovinz erfaßt, ggf. mit Einschluß des ehemals oldenburgischen Teils Birkenfeld. Die Maß- und Gewichtsordnung Preußens von 1816 wurde hier mit dem 1.1.1819 eingeführt.

1. Längenmaße

Allgemein: 1 Rute = 16 Fuß = 192 Zoll = 2304 Linien. Kleve: 1 Rute = 15 Fuß = 180 Zoll = 2160 Linien. Rheinland: Bergbau 1 Lehn = 7 Lachter; 1 Rute = 14 (Konventionsmaß 12, bei Vermessungen 10) Fuß.

2. Flächenmaße

Allgemein: 1 Morgen = 2 Jucherte; Im Bergbau 1 Fundgrube = 2 Wehr (Wehe) = 6 Lehn = 12 Maasen. Nieder-Hilbersheim b. Bingen: 1 Hufe = 42 Morgen.

3. Getreidemaße

Aachen: 1 Müdt = 6 Maß = 36 Kopf = 144 Viertel. Kleve: (1825) 1 Last = 15 Malter = 60 Scheffel = 240 Viertel (Spint) = 960 Metzen = 2880 Kannen. Köln: (18. Jh.) 1 Malter = 4 Sümmer (Scheffel) = 8 Faß (Sester) = 16 Viertel = 64 Fäßchen. Koblenz: (1850) 1 Malter = 8 Sömmer = 32 Sester = 128 Minkel. Krefeld: (1850) 1 Malter = 6 Maß. Trier: (1850) 1 Malter = 8 Virnzel = 32 Sester (Vierling) = 128 Quart (Mäßchen). Wesel: (vor 1819) 1 Malter = 4 Scheffel = 16 Spint.

4. Flüssigkeitsmaße

Aachen: (1850) WM 1 Kanne = 4 Pinten = 16 Mäßchen; BM 1 Tonne = 104 Kannen. Kleve: (1825) WM 1 Ohm = 4 Anker = 120 Kannen = 480 Pinten; ÖlM 1 Teute = 15 Ölkannen. Koblenz: WM 1 Ohm = 27 Viertel = 108 Mäß = 432 Schoppen; BM, ÖlM 1 Maß = 4 Schoppen. Köln: (1850) WM 1 Stück = 8 Ohm; 1 Fuder = 6,5 Ohm; 1 Ohm = 26 Viertel = 104 Maß = 416 Pinten (oder = 108 Zapfmaß = 432 Pinten). Krefeld: 1 Kanne = 4 Pinten. Rheinland: WM 1 Fuder = 6 Ohm = 120 Viertel = 480 Maß = 1920 Achtel. Trier: (1850) WM, BaumölM 1 Fuder = 6,5 Ohm = 195 Sester = 780 Maß = 3120 Schoppen; Fette 1 Tonne = 60 Maß = 240 Schoppen.

5. Gewichtsmaße

Hztm. Berg: 1 Zentner (Eisen) = 128 Pfund; 1 großer Stein = 40 Pfund, 1 kleiner Stein = 25 Pfund. Kleve: 1 Zentner = 110 Pfund. Koblenz: 1 Zentner = 100 Pfund. Köln: (1717) 1 Zentner = 103 Pfund; (1800) 1 Zentner = 106 Pfund; HG 1 Pfund = 16 Unzen = 32 Lot = 128 Quentchen; MG 1 Mark = 8 Unzen = 16 Lot = 64 Quentchen = 256 Pfennige = 912 Heller = 4020 Aß. Siegerland: (18./19. Jh.) 1 Wagen Holzkohlen = 10 Zain = 25 Tonnen; (s. 1667) 1 Wagen Roheisen = 16 Stallen; Schmiedeeisen 1 Wagen = 8 Waag (Wog); Rohstahl 1 Wagen = 6 Stallen; geschmiedeter Stahl 1 Wagen = 7 Mais. Trier: 1 Zentner = 110 Pfund.

06. Raum Hessen

Anm.: Hier sind die Gebiete des Großherzogtums Hessen-Darmstadt, des Kurfürstentums Hessen-Kassel (ohne die Exklave Rinteln), des Herzogtums Nassau (mit Landgrafsch. Hessen-Homburg), der Freien Reichsstadt Frankfurt und des Fürstentums Waldeck (mit Pyrmont) zusammengefaßt. In den Provinzen Starkenburg, Oberhessen und Rheinhessen wurde mit Gesetz vom 10. Dezember 1817 am 1.7.1818 ein neues Maß- und Gewichtssystem eingeführt. Ab 1821 waren in Hessen-Darmstadt nur noch die neuen Systeme zugelassen. Hessen-Homburgs Gesetz vom 10. August 1824 trat am 1. Mai 1825 in Kraft. In Hessen-Kassel bildete sich in den 1820er und 1830er Jahren eine neue Regelung heraus, ebenso im Herzogtum Nassau, wo im Jahre 1851 eine amtliche Maß- und Gewichtsreform stattgefunden hat.

1. Längenmaße

a) Hessen-Darmstadt: 1 Wegstunde = 2000 Klafter; 1 Meile = 3000 Fuß; 1 Klafter = 10 Fuß = 100 Zoll = 1000 Linien.

b) Hessen-Kassel: 1 Meile = 32 000 Fuß; 1 Rute = 14 Fuß = 168 Werkzoll = 1785 Linien. Kassel: GaM 1 Strang = 30 (od. 40) Gebinde = 1200 Fäden.

c) Nassau (einschl. Hessen-Homburg): Nassau: 1 alte Feldrute = 16 Feldschuh; 1 neue Feldrute = 10 Feldschuh = 100 Feldzoll; 1 neuer Fuß = 10 Zoll; 1 Werkfuß = 10 Werkzoll; f. Schiefer 1 Reiß = 8 Fuß. Homburg: 1 Werkrute = 10 Werkfuß = 120 Werkzoll; 1 Rute = 12 Werkfuß + 1,6 Werkzoll = 145,6 Werkzoll. Meisenheim, Oberamt: 1 Rute = 15 Fuß = 180 Zoll = 2160 Linien.

d) Frankfurt/Main: 1 Feldrute = 12,5 Fuß = 150 Zoll = 1800 Linien.

e) Waldeck: 1 Rute = 12 Fuß = 144 Zoll = 1728 Linien.

2. Flächenmaße

a) Hessen-Darmstadt: 1 Acker = 4 Gart; 1 Morgen = 4 Viertel.

b) Frankfurt/Main: 1 Feld- (od. Wald-) Morgen = 4 Viertel.

3. Raummaße

a) Hessen-Kassel: Marburg: 1 Mött (Mutt) = 4 Mesten.

b) Nassau: 1 Wagen (Fuhre) Holzkohlen = 10 Bütten.

4. Getreidemaße

a) Hessen-Darmstadt: 1 Malter = 4 Simmer = 16 Kümpfe = 64 Gescheid = 256 Mäßchen (od. Becher); 1 Scheffel = 2 Linmetze = 8 Metzen. Mainz, Wiesbaden und Worms: 1 Malter = 4 Viernsel = 16 Kümpfe = 64 Gescheid = 256 Becher (Mäßchen).

b) Hessen-Kassel: (1850) 1 Malter = 4 Viertel = 8 Scheffel = 16 Metzen = 64 Mäßchen = 256 Becher; (alt) 1 Malter = 4 Viertel = 64 Metzen = 256 Mäßchen. Fulda: 1 Malter = 8 Maß = 32 Metzen = 128 Köpfchen = 512 Nösel. Hanau: (1850) 1 Malter = 4 Simmer = 16 Sechter = 64 Gescheid. Kassel: (1825) 1 Viertel = 4 Himten = 16 Metzen = 64 Mäßchen.

c) Nassau (nebst Hessen-Homburg): Wie Mainz (s.o.) maßen die Ortschaften Asmannshausen, Biberich, Eltville, Epstein, Geisenheim, Hattenheim, Hochheim, Johannisberg, Rüdesheim, Schierstein, Wallau u.a. Nassau: 1 Malter = 10 Zehntel. Braubach: 1 Malter = 8 Simmer = 32 Sechter = 128 Münkel. Idstein: 1 Achtel = 8 Simmer = 64 Gescheid. Homburg: 1 Simmer = 4 Kümpfe; (1850) 1 Malter = 4 Faß = 16 Sester = 64 Mäßchen. Limburg/Lahn: 1 Malter = 12 Simmer = 96 Gescheid.

d) Frankfurt/Main: (1825) 1 Malter = 4 Simmer = 8 Mesten (Hanau: Metzen) = 16 Sechter = 64 Gescheid = 256 Mäßchen = 1024 Schrott.

e) Waldeck: 1 Mütte = 4 Scheffel = 16 Spint = 64 Becher; (1850) 1 Fuder = 12 Malter = 72 Himten = 216 Dreilingsmetzen (od. 288 Vierlingsmetzen).

5. Flüssigkeitsmaße

a) Hessen-Darmstadt: (1850) WM 1 Fuder = 6 Ohm = 120 Viertel = 480 Maß = 960 Schoppen; 1 Lögel = 25 Maß; BM 1 Anker = 5 Eimer = 20 Maß = 80 Schoppen. Mainz: WM 1 Stückfaß = 7,5 Ohm. Worms: (16. Jh.) WM 1 Ohm = 20 Viertel = 80 große Maß; BrM, TranM (18. Jh.) 1 Ohm = 80 große Maß.

b) Hessen-Kassel: (1825) WM, BrM, EssigM 1 Fuder = 6 Ohm = 12 Eimer = 480 Maß = 1920 Schoppen = 7680 Kännchen; BM 1 Ohm = 80 Maß = 320 Schoppen. Fulda: WM 1 Ohm = 80 Weinmaß = 320 Schoppen; ÖlM (18. Jh.) 1 Ohm = 2 Eimer = 80 Maß. Hanau: (18. Jh.) WM 1 Ohm = 20 Viertel = 80 große Maß; (1830) WM 1 Fuder = 6 Ohm = 120 Viertel = 480 Altmaß = 1920 Schoppen. (Ab 1832 alles wie Preußen!)

c) Nassau (mit Hessen-Homburg): Nassau: WM 1 Ohm = 80 Maß = 320 Schoppen; 1 Faß = 4 Sester; BM 1 Stück = 7,5 Ohm = 600 Maß. Homburg: (1850) 1 Ohm = 3,2 Lögel = 80 Maß = 320 Schoppen. Meisenheim, Oberamt: WM 1 Malter = 4 Faß = 16 Sester = 64 Mäßchen; 1 Ohm = 80 Maß; 1 Lögel = 25 Maß = 100 Schoppen. Die Ortschaften Asmannshausen, Biberich, Eltville, Epstein, Geisenheim, Hattenheim, Hochheim, Johannisberg, Rüdesheim, Schierstein, Wallau u.a. benutzten das WM und BM von Hessen-Darmstadt wie Meinz.

d) Frankfurt/Main: (18. Jh.) WM 1 Fuder = 12 Eimer = 780 Visier- (od. 816 Schenk-)-Maß; 1 Stück = 8,25 Ohm = 160 Flaschen = 320 Schoppen; (1825) 1 Stück = $1^1/_3$ Fuder = 8 Ohm = 160 Viertel = 640 Eichmaß = 2560 Schoppen; 1 Fuder = 6 Ohm = 120 Viertel = 480 Eichmaß = 960 Schoppen.

e) Waldeck: 1 Ohm = $16^2/_3$ Eimer = 100 Maß = 400 Schoppen; 1 Eimer = 6 Maß = 24 Schoppen = 96 Weingläser; (1850) WM 1 Oxhoft = 1,5 Ohm = 6 Anker = 30 Viertel = 216 Quartier; BrM 1 Faß = 6 Anker = 150 Kannen = 2400 große (oder 4800 kleine) Glas; BM 1 Tonne = 88 Kannen; EssigM 1 Oxhoft = 160 Kannen.

6. Gewichtsmaße

a) Hessen-Darmstadt: 1 Zentner (alt) = 108 Pfund, (1825) = 100 Pfund = 3200 Lot = 12800 Quentchen; (1821–1871) 1 Pfund = 32 Lot = 128 Quentchen = 512 Richtpfennige.

b) Hessen-Kassel: (bis 1860) 1 Pfund = 32 Lot = 128 Quentchen. Hanau: (1850) 1 Zentner = 108 Pfund Hausgewicht oder 109 3/16 Pfund Handelsgewicht;

5 Kleuth = 90 Pfund Wollgewicht, 120 Pfund Heugewicht, 118 3/4 Pfund Fettgewicht, 110 Pfund Fisch- und Buttergewicht. Kassel: 1 Zentner = 108 Pfund Schwergewicht; Wolle 1 Kleuder = 21 Pfund. Fulda: 1 Zentner = 105,313 schwere Kasseler Pfund.

c) Nassau (nebst Hessen-Homburg): (1850) 1 Zentner = 100 Pfund.

d) Frankfurt/Main: 1 Last (Schiffsfracht) = 2 Tonnen = 40 Zentner = 4000 schwere Pfund; 1 Wage Eisen = 120 Pfund Leichtgewicht; (bis Juni 1858) Pfund = 8 Achtelpfund.

e) Waldeck (nebst Pyrmont): 1 Zentner = 100 Pfund = 3000 Lot; 1 Lot = 10 Quentchen = 100 Cent = 1000 Korn.

7. Zählmaße

b) Hessen-Kassel: Fulda: 1 Globen Flachs = 15 Kanten = 90 Handvoll; 1 Dechent Leder = 2 Polst = 10 Stück.

07. Raum Südwest

Anm.: Dieser Abschnitt umfaßt die Gebiete Großherzogtum Baden, Königreich Württemberg, das preußische Gebiet Hohenzollern und die zu Bayern gehörende links des Rheins liegende Pfalz. In allen diesen Gebieten hat das metrische (französische) Maßsystem schon früh Eingang gefunden. Baden entschloß sich zur Einführung mit Verordnung vom 10. November 1810. Es dauerte noch bis 1831, als die Umstellung als abgeschlossen angesehen werden konnte. Für Württemberg liegt der Umstellungstag schon am 1. Dezember 1806; seiner Regelung ist Hohenzollern am 1.1.1840 beigetreten. Die linksrheinischen Teile der Rheinpfalz waren 1801 an Frankreich gefallen und erst 1814 wieder bayrisch geworden. So hat das metrische System dort schon vor diesem Jahr bestanden.

1. Längenmaße

a) Baden: 1 Meile = 2 Wegstunden; 1 Rute = 10 Fuß = 100 Zoll = 1000 Linien; 1 Klafter = 3 Ellen = 6 Fuß = 60 Zoll.

b) Württemberg: (1557) 1 Rute = 16 Fuß (Werkschuh) = 192 Zoll = 2304 Linien; (1806) 1 Meile = 2600 Ruten; 1 Rute = 10 Fuß = 100 Zoll = 1000 Linien; (1835) 1 Klafter = 6 Fuß. Aach, Aalen, Aulendorf, Ellwangen, Esslingen, Giengen, Jagsthausen, Korb, Laibach, Mergentheim, Oberndorf, Olnhausen, Raloffzell, Salach, Schwendi und Widder: (1806/1810) 1 Rute = 12 Schuh. Balzheim, Geislingen: (1806/10) 1 Rute = 12 (a. 10) Schuh. Crailsheim, Gerabronn: (1806/10) 1 Rute = 12 Ansbacher Schuh. Lauchheim, Neresheim, Weikersheim: (1806/10) 1 Rute = 12 Nürnberger Schuh. Achstetten, Altmannshofen, Alshausen, Buchau, Bußmannshausen, Creglingen, Dietenheim, Dotterhausen, Egloffs, Ehingen, Ellmannsweiler, Friedberg-Scheer, Gebrazhofen, Comadingen, Heggbach, Harlazhofen, Isny, Kirchhausen, Leutkirch, Mühlheim a. d. Donau, Mühringen, Oberhausen, Obermarchtal, Oberstadion, Ochsenhausen, Ramsberg, Ravensburg, Riedlingen, Rossach, Schemmerberg, Schlatt unter Krähen, Schramberg, Schussenried, Singen, Tettnang, Waldburg, Waldsee, Warthausen, Weigheim, Wiblingen (Amt Kirchbergische Herrschaften), Wurzach, Zwiefalten: (1806/10) 1 Rute = 10 Schuh. Gammesfeld; (1806/10)

1 Rute = 10 Dezimalschuh (a. 13 Schuh). Dürmentingen: (1806/10) 1 Rute = 10 Nürnberger Schuh. Ulm, Spaichingen: (1806/10) 1 Rute = 10 (a. 12) Schuh. Schöntal: (1806/10) 1 Rute = 10 Schuh, doch sind hier 4 verschiedene Feld- und 1 Waldschuh gebräuchlich. Stockach: (1806/10) 1 Rute = 16 Nürnberger (oder 10 Wiener) Schuh. Wiesensteig: (1806/10) 1 Rute = 10 Feldschuh. Wilfingen: (1806/10) 1 Rute = 10 Nürnberger Schuh. Horb: (1806/10) 1 Rute = 13 Schuh. Adolzfurt, Altdorf, Baisingen, Bartenstein, Gmünd, Hall, Heilbronn, Herrenzimmern, Langenburg, Mulfingen, Öhringen, Rothenburg, Schwaigern, Weingarten, Wiblingen Ort: (1806/10) 1 Rute = 16 Schuh. Gaildorf, Haltenberg, Jagstberg, Kocherstetten, Nitzenhausen, Stockach: (1806/10) 1 Rute = 16 Nürnberger Schuh. Eßlingen, Weil der Stadt: (1806/10) 1 Rute = 16 Feldschuh.

c) Hohenzollern: 1 Meile = 26000 Fuß; 1 Rute = 10 Fuß = 100 Zoll = 1000 Linien.

2. Flächenmaße

a) Baden: 1 Morgen = 4 Viertel

b) Württemberg: (1557/1806) 1 Jauchert (Mannsmahd, Tagewerk) = 1,5 Morgen = 6 Vierte.

3. Raummaße

a) Württemberg: 1 Klafter = 16 Ecklein = 64 Viertelein. Man beachte hierzu in besonderem Maße den Abschnitt 4. Getreidemaße.

b) Hohenzollern: 1 Kasten (Mörtel o.ä.) = 24 Kübel = 96 (Helleich-) Maß = 384 Quart.

4. Getreidemaße

a) Baden: (vor 1812) 1 Malter = 4 Viernsel = 8 Simmer = 16 Vierling = 128 Mäßchen; (ab 1812) 1 Zuber = 10 Malter = 100 Sester = 1000 Meßlein = 10000 Becher. Heidelberg: (vor 1812) 1 Malter = 4 Viernsel = 8 Simmer = 16 Infel = 64 Mäßele. Freiburg/Br.: (vor 1812) 1 Sack = 8 Mäß = 16 Quarterons.

b) Württemberg: Hier sind die in der Schrift »Die Archivpflege in den Kreisen und Gemeinden« (Lit.-Verz. Nr. A 34) gebrachten Erläuterungen zu zitieren. Zu Beginn des dortigen Abschnitts »C. Hohlmaße« lesen wir: »Bei der Umrechnung alter Maßangaben in die heute gebräuchlichen Maßsysteme ist mit großer Vorsicht vorzugehen, denn das Maß unterlag von Ort zu Ort großen Schwankungen. Selbst räumlich nahe beieinander liegende Ortschaften konnten verschiedene Maße haben, so daß es unmöglich ist, Rückschlüsse zu ziehen. Nicht selten kam es vor, daß der Maßgehalt sich sogar am gleichen Ort im Lauf der Zeiten änderte. – Als Beispiel möge der Scheffel dienen. Er war oberste Maßgröße im System des sogenannten *Scheffelmesses,* das 1557 im Altwürttemberg folgende Verbreitung hatte: Stuttgart, Cannstatt, Eßlingen, Waiblingen, Hoheneck, Marbach, Bottwar, Backnang, Kl. Murrhardt, Winnenden, Schorndorf, Kl.-Lorch-Gmünd, Kl. Denkendorf, Kirchheim u. T., Neuffen, Nürtingen, Neckartailfingen, Urach, Reutlingen. In Göppingen trägt das Scheffelmaß noch den Namen Scheffel, zählt seinem Wesen jedoch schon zum *Maltermeß.* Auch das Lorch-Gmünder und das Murrhardter Meß liegen auf der Grenze zwischen Scheffel- und Maltermeß, beide haben als mittlere Maßgröße das sonst nur

im Maltermeß vorkommende Viertel. Die Stadt Gmünd selbst hat reines Maltermeß. Das Markgröninger »Stadt- und Kastenmeß« dagegen nähert sich dem Scheffelmeß, obwohl es noch dem Maltermeß zugehört . . .«
Angaben über Einzelsysteme findet man in der nachstehenden Zusammenstellung: Allgemein: (1557) 1 Scheffel = 8 Simri (od. Imi) = 64 Achtel = 128 Meßle = 256 Eckle = 1024 Viertele; (1825) 1 Scheffel = 8 Simri = 32 Vierling = 128 Achtel = 256 Mäßchen (od. Ecklein) = 1024 Viertelein. Im Gebiet des Maltermesses (1557) Biberach: 1 Malter = 2 Scheffel = 8 Viertel. Bopfingen: 1 Malter Roggen = 2 Scheffel = 8 Viertel. Konstanz: 1 Malter rauh = 4 Mutt = 16 Viertel; 1 Malter glatt = 2 Mutt = 8 Viertel. Rot am See: 1 Scheffel = 6 Metzen = 12 Viertel. Schussenried: 1 Scheffel = 4 Viertel. Trugenhofen: 1 Scheffel Roggen = 4 Viertel. Villingen: (1599) 1 Malter Roggen = 2 Scheffel = 8 Viertel. Wiesensteig: *siehe Rot am See.* Scheffel und Malter gleichgesetzt finden wir in Kißlegg-Wurzach und Waltershofen: (1806/12) 1 Scheffel = 6 Viertel. Waldsee, Hechingen: 1 Scheffel = 8 Viertel. Heiligenkreuztal: (1806/12) 1 glatter Scheffel = 8 Viertel, 1 rauher Scheffel = 16 Viertel. Ulm. (1825) 1 Imi = 4 Mittlen = 24 Metzen = 96 Viertel.

c) Hohenzollern: 1 Scheffel = 8 Simri = 32 Vierlinge.

5. Flüssigkeitsmaße

a) Baden: WM 1 Stück = 8 Ohm = 80 Stützen = 800 Maß = 8000 Glas; (1825) 1 Fuder = 10 Ohm = 100 Stützen = 1000 Maß = 10000 Becher (od. Glas). Freiburg/Br.: BM 1 Faß = 16 Brente; WM 1 Fuder = 8 Saum = 160 Viertel = 640 Maß = 2560 Schoppen. Heidelberg: (16. Jh.) WM 1 Fuder = 6 große od. 10 kleine Ohm = 120 Viertel = 480 Maß = 1920 Schoppen; 1 großes Ohm = 20 Viertel = 80 Maß = 320 Schoppen; BM 1 Achtel = 4 Simmer = 8 Maß = 16 Sester = 32 Schoppen. Mannheim: WM 1 Fuder = 6 große oder 10 kleine Ohm = 120 Viertel = 480 Maß = 1920 Schoppen; 1 Stück = 7,5 große Ohm = 12,5 kleine Ohm = 150 Viertel = 600 Maß = 2400 Schoppen.

b) Württemberg: Das Flüssigkeitsmaß ist auf den Wein ausgerichtet. Deshalb mißt man nach drei Systemen, je nachdem, ob es sich um unvergorene (»Trübeich«), vergorene (»Helleich«) oder auszuschenkende (»Schenkmaß«) Qualität handelt. Für alle gilt: (1557–1825) 1 Fuder = 6 Eimer = 96 Imi = 960 Maß = 3840 Schoppen. Heilbronn: (1850) 1 Fuder = 10 Ohm = 120 Viertel (oder 20 Eimerlein = 80 Viertel). Ulm: (1825) 1 Fuder = 12 Eimer = 1440 Visiermaß (oder 1620 Schenkmaß); BM (?) 1 Eimer = 2,54 Ohm.

c) Hohenzollern: WM 1 Fuder = 6 Eimer = 960 Maß = 3840 Quart (od. Schoppen).

d) Rheinpfalz: Speyer: (16. Jh.) WM 1 Fuder = 10 Ohm = 120 Viertel.

6. Gewichtsmaße

a) Baden: (1825) 1 Zentner = 100 Pfund; HG 1 Pfund = 10 Zehnlinge = 100 Centaß = 1000 Pfennige (od. Dekaß) = 10000 Aß; im täglichen Verkehr 1 Pfund = 2 Mark = 4 Vierlinge = 16 Unzen = 32 Lot = 128 Quent = 512 Pfennige; 1 Pfennig = 4 Karat = 16 Gran = 64 Gränchen = 256 Richtteile; AG 1 Pfund = 16 Unzen = 32 Lot = 128 Quent = 512 Pfennige. Freiburg/Br.: 1 Zentner = 104 Pfund. Heidelberg: (1825) 1 Zentner = 100 schwere Pfund oder 108 leichte Pfund.

b) Württemberg: (1813) 1 schwerer Zentner = 104 Pfund (1825: 104 köln. Pfund); (1813) 1 leichter Zentner = 100 Pfund; HG (1813) 1 Pfund = 2 köln. Mark = 32 Lot = 128 Quentle = 512 Richtpfennige; (1833/1871) 1 (Zoll-) Pfund = 32 Lot = 128 Quentle = 512 Richtpfennige. Ulm: (1825) 1 Zentner = 100 Pfund.

c) Hohenzollern: HG 1 Pfund = 32 Lot = 128 Quentchen = 512 Richtpfennige.

d) Rheinpfalz: 1 Zentner = 200 Pfund; 1 Pfund = 5 Hektagramm = 50 Dekagramm = 500 Gramm = 5000 Dezigramm = 50000 Zentigramm = 500000 Milligramm.

08. Raum Süd

Anm.: Dieser Abschnitt umfaßt das Königreich Bayern ohne den linksrheinischen Gebietsteil Rheinpfalz. Bayern hatte für sein Hauptgebiet am 1. November 1811 ein einheitliches Maß- und Gewichtssystem eingeführt.

1. Längenmaße

Allgemein: 1 Meile = 2 Poststunden = 12703 Fuß; 1 Fardel = 45 Barchet = 990 od. 1080 Ellen (v. deren Länge abhängig); 1 Klafter = 6 Fuß = 72 Zoll; 1 Rute (alt) = 15 (Ostfranken 30) Fuß; 1 Werkrute = 12 Fuß = 144 Zoll; 1 Feldrute = 10 Fuß = 120 Zoll; 1 Elle = 2 Fuß = 24 Zoll = 288 Linien = 3456 Punkte. Franken: 1 Rute = 12 (14 oder 18) Fuß in altbesiedelten Gebieten, 14 (oder 16) Fuß in Waldgebieten. Nürnberg: 1 Rute = 16 Stich (Schuh), auch 12 oder 14 Fuß sind genannt.

2. Flächenmaße

Allgemein: 1 Freihufe = 5 Hofstätten = 45 Juchart; 1 Knechtshufe = 36 Juchart; 1 Königshufe = 90 Juchart. Passau: 1 Lehen = 52 Juchart. Ostfranken: 1 Feld = 3 Gewende.

3. Getreidemaße

Allgemein: (1825) 1 Schaff (Schäffel) = 6 Metzen = 12 Viertel = 24 halbe Viertel = 48 Massel = 192 Dreißiger = 208 Maßkannen; (1825) 1 Muth = 4 Schaff = 24 Metzen = 48 Viertel; 1 Getreidehektoliter = 4 Viernsel = 8 Simmer = 32 Vierlinge. Ansbach: Hartkorn 1 Simmer = 16 Metzen = 256 Maß, Weichkorn = 16 große oder 32 kleine Metzen Augsburg: (1835) 1 Schaff = 8 Metzen = 32 Vierlinge. Bamberg: (1825) 1 Malter = 4 Simmer = 8 Metzen = 16 Sechter = 64 Gescheid. Lauingen: 1 Scheffel = 8 Metzen. München: (1850) 1 Schäffel = 6 Metzen = 12 Viertel = 24 halbe Viertel = 48 Maßl = 96 halbe Maßl = 192 Dreißiger; Kalkmaß 1 Muth = 4 Schäffel = 24 Metzen. Nürnberg: (1825) 1 Korn-Simmer = 2 Korn-Malter = 16 Korn-Metzen = 64 Diethaufen = 128 Diethäuflein = 256 Maß; 1 Hafer-Simmer = 4 Hafer-Malter = 32 Hafer-Metzen = 128 Maß. Regensburg: (1850) Hartkorn 1 Schaff = 4 Muth (Mäß) = 16 Vierlinge = 32 Metzen = 704 Köpfel; Weichkorn 1 Schaff = 4 Mäß = 8 Vierlinge = 56 Metzen = 1232 Köpfel; Mehl (1850) im Kleinhandel 1 Strich = 4 Mäßl = 32 Köpfel; Salz (1850) 1 Salzmetzen = 4 Salzmäßl = 16 Köpfel. Weiltingen: 1 Scheffel = 4 Viertel = 8 Metzen. Würzburg: 1 Kornmalter = 2 Achtel = 8 Korn-Metzen; 1 Hafer-Malter = 12 Hafer-Metzen.

4. Flüssigkeitsmaße

Allgemein *(s. a. München)*: WM 1 Eimer = 60 Visiermaß = 64 Schenkmaß; BM 1 Faß = 24 (a. 25) Eimer = 1536 Maß(kannen); 1 Maß(kane) = 2 Seidel = 4 Quartel. Ansbach: (1825) WM 1 Fuder = 12 Eimer = 792 Maß = 3168 Schoppen. Aschaffenburg: (17./18. Jh.) WM 1 Ohm = 20 Eichviertel = 80 Eichmaß = 320 Schoppen. Augsburg: WM 1 Fuder = 8 Jez = 16 Muide = 768 Maß; 1 Schenkeimer = 72 Schenkmaß. Bamberg: (1825) 1 Fuder = 12 Eimer = 864 Maß. Dürkheim: WM 1 Fuder = 8 Ohm = 120 Viertel. München: WM 1 Schaff = 6,333 Metzen = 56 Mäßlein = 202 Schenkmaß; (1825) 1 Schenkeimer = 60 Schenkmaß (od. Maßkannen) = 120 Seidel = 240 Quartel; 1 Visiereimer = 64 Maßkannen = 128 Seidel = 256 Quartel; 1 Faß = 25 Visiereimer. Nürnberg: (1850) WM 1 Stadteimer = 32 Viertel = 64 Visiermaß = 128 Seidel = 512 Achtel; 1 Fuder (Tonne) = 12 Visiereimer; 1 Schenkmaß = 4 Schoppen; 1 Stückfaß = 15,5 Visiereimer. Regensburg: WM, BM 1 Fuder = 12 Eimer = 720 Köpfel = 1440 Seidel = 2960 Quartl = 5920 Achterl. Würzburg: (18. Jh.) WM 1 Ohm = 2 Eimer = 16 Achteler = 128 Eichmaß; (1850) 1 Fuder = 12 Eimer = 96 Achtel = 384 Schoppen = 768 Eichmaß.

5. Gewichtsmaße

Allgemein: 1 Zentner = 100 Pfund; 1 Stein = 20 Pfund; HG 1 Pfund = 4 Vierlinge = 32 Lot = 128 Quentchen; AG 1 Pfund = 12 Unzen = 96 Drachmen = 288 Skrupel = 5760 Gran. Augsburg: MG 1 Pfund = 2 Mark = 32 Lot = 128 Quentchen = 512 Pfenniggewichte. Nürnberg: (1825) 1 Schiffpfund = 3 Zentner = 300 Pfund. Regensburg: 1 Zentner = 100 Krampfund.

6. Zählmaße

Allgemein: GaM 1 Strähn = 10 Schneller.

09. Raum Mitte

Anm.: Dieser Abschnitt umfaßt das ehemalige Königreich Sachsen (ohne die 1815 an Preußen abgetretenen Landesteile) sowie die thüringischen Kleinstaaten. Das Königreich Sachsen hatte 1850 noch kein metrisches Maß- und Gewichtssystem eingeführt. Anders das Großherzogtum Sachsen-Weimar, das diese Reform schon am 1. Januar 1810 durchgeführt hatte.

1. Längenmaße

a) Sachsen: 1 Meile = 16000 Ellen = 32000 Fuß; 1 geogr. Rute = 15 Fuß 2 Zoll; (1835) 1 Feldrute = 15 1/6 Werkfuß (od. bei Feldvermessungen 10 Fuß) = 100 Zoll = 1000 Punkte; 1 Landrute = 8 Ellen = 16 Fuß = 192 Zoll; 1 Elle = 2 Fuß; 1 Bergelle = 2 Lachterfuß = 6 Stuef = 192 Punkte; 1 Dezimalfuß = 10 Zoll; 1 (alter) Fuß = 12 Zoll = 144 Linien.

b) Thüringische Staaten: Sachsen-Altenburg: 1 Rute = 16 Fuß = 192 Linien. Sachsen-Meiningen: 1 Rute = 16 (od. 14 Nürnberger) Fuß. Sachsen-Weimar: 1 Rute = 16 alte (od. 10 neue Vermessungs-)Fuß. Schwarzburg-Rudolstadt: Oberherrschaft 1 Rute = 14 (od. 16 Leipziger) Fuß, Unterherrschaft = 14 Vermessungsfuß = 100 Zoll. Mühlhausen: 1 Rute = 14 (bei Vermessungen von Teichen und Wäldern 16)

Fuß. Erfurt: 1 Feldrute = 14 (Bau-)Fuß; 1 Baurute = 16 Fuß. Nordhausen: 1 Rute = 7,5 Ellen = 15 Fuß. Sachsen-Coburg: 1 Feldrute = 14 (Bau-)Fuß; 1 Werkrute = 14 Werkfuß.

2. Flächenmaße

a) Sachsen: (1734) 1 Hufe = 60 Morgen.

b) Thüringische Staaten: 1 Gelenge = 2 Acker (od. bei einer Breite von 2 Ruten = 2 Sottel) = 4 Strichel; 1 Garthe = 1,5 Acker. Sachsen-Gotha: 1 Hufe = 20 Acker.

3. Raummaße

a) Sachsen: Holzmaß 1 Schragen = 3 Klafter.

4. Getreidemaße

a) Sachsen: (1717/1825) 1 Wispel = 2 Malter = 24 Strich (od. Scheffel) = 96 Viertel = 384 Metzen (od. Achtel) = 1152 Maßel; TrM 1 Tonne = 105 Kannen. Dresden: 1 Scheffel = 4 Viertel = 16 Metzen = 64 Mäßchen.

b) Thüringische Staaten: Sachsen-Altenburg: 1 Malter = 2 Scheffel = 4 Siebmaß = 8 Viertel = 12 Strich = 32 Metzen = 128 Mäßchen. Sachsen-Gotha: (1825) 1 Malter = 2 Scheffel = 4 Viertel = 16 Metzen = 64 Mäßchen = 384 Nösel. Sachsen-Coburg: 1 Simmer = 4 Viertel = 16 Metzen. Reuß: (1850) 1 Scheffel = 4 Viertel = 16 Maß. Erfurt: (1825) 1 Malter = 4 Viertel = 12 Scheffel = 48 Metzen = 192 Mäßchen. Mühlhausen: 1 Malter = 4 Scheffel = 16 Metzen = 64 Mäßchen (a. mitgeteilt 1 Scheffel = 4 Viertel = 16 Maß = 64 Mäßchen). Reuß: (1850) 1 Scheffel = 4 Viertel = 16 Maß. Sachsen-Meiningen: 1 Malter = 4 Metzen = 8 Maß = 16 Kärtchen. Sachsen-Weimar: 1 Malter = 2 Scheffel = 8 Viertel = 32 Metzen = 160 (Markt-)Maß = 320 Nösel; in einzelnen Gegenden dieses Großherzogtums galten die Systeme von Jena: 1 Scheffel = 4 Viertel = 16 Maß = 32 Metzen = 320 Nösel (od. = 100 Kannen = 320 Nösel). Dornberg: 1 Scheffel = 4 Viertel = 16 Maß = 32 Metzen = 192 Kannen = 384 Nösel. Eisenach: 1 Malter = 4 Viertel = 8 Scheffel = 32 Metzen = 128 Mäßchen = 512 Nösel. Frauensee: 1 Malter = 8 Maß = 16 Metzen = 64 Köpfchen = 256 Nösel. Apolda: 1 Scheffel = 4 Viertel = 16 Metzen. Bultstedt: *wie Apolda.* Erfurt: 1 Malter = 4 Viertel = 12 Scheffel = 48 Metzen = 192 Maß = 768 Kannen. Schwarzburg-Rudolstadt: Oberherrschaft 1 Scheffel = 8 Achtel = 16 Metzen = 384 Nösel; Unterherrschaft 1 Marktscheffel = 12 Scheffel = 48 Viertel = 96 Metzen = 192 Mäßchen. Schwarzburg-Sondershausen: Unterherrschaft: 1 Malter 16 Scheffel = 64 Metzen. Gera: 1 Scheffel = 4 Viertel = 8 Achtel = 16 Maß = 64 Mäßchen. Greiz: 1 Scheffel = 4 Viertel = 16 Näpfe. Schleiz: 1 Scheffel = 4 Viertel = 224 Kannen. Nordhausen: (1850) 1 Marktscheffel = 12 Scheffel = 144 Mäßchen.

5. Flüssigkeitsmaße

a) Sachsen: (1717) WM 1 Fuder = 12 Eimer = 24 Anker = 96 (a. 108) Visierkannen (od. 72 Dresdner Kannen Visiermaß bzw. 64 Kannen Schenkmaß); (1825) 1 Faß = 5 Eimer = 300 Kannen = 600 Nösel; BrM (18. Jh.) 1 Fäßlein = 5 Stübchen = 20 Kannen = 40 Nösel = 80 Quartier; BM 1 Gebräude = 18 Faß = 36 Viertel = 72 Tonnen = 5400 Kannen. Dresden. WM, BM 1 Eimer = 2 Anker = 72 Kannen;

1 Faß = 420 Kannen. Leipzig: (1704/1717) WM 1 Eimer = 54 Kannen Visiermaß (od. 64 Kannen Schenkmaß): (1825) WM 1 Fuder = 2,2 Faß = 12 Eimer = 756 Kannen; BM (1850) 1 Gebräude = 8 Kufen = 16 Faß = 32 Viertel = 64 Tonnen = 4800 Kannen = 9600 Nösel; 1 Lippe = 3 Ohm; (16. Jh.) ÖlM 1 Ohm = 2 Eimer = 126 (Dresden 164,5) Kannen Schenkmaß.

b) Thüringische Staaten: Sachsen-Altenburg: 1 Dresdner Eimer = 60 Kannen = 120 Nösel = 240 Quartier. Sachsen-Coburg: 1 Eimer = 80 Maß. Sachsen-Gotha: WM 1 Eimer = 2 Anker = 40 Kannen = 80 Maß = 160 Nösel; BrM 1 Faß = 110 Kannen; BM 1 Last = 12 Tonnen = 288 Stübchen = 572 Kannen. Sachsen-Meiningen: 1 Ohm (Tonne) = 2 Eimer = 128 Schenkmaß = 256 Kärtchen. Sachsen-Weimar: WM 1 Faß = 2 Viertel = 4 Tonnen = 300 Kannen = 600 Nösel. Weimar: WM, BrM, BM (1850) 1 Eimer = 80 Schenk- (od. 72 Ohmmaß), alt = 48 Schenkmaß. Eisenach: WM 1 Eimer = 40 Kannen = 80 Maß = 160 Nösel; BM 1 Eimer = 36 Kannen = 74 Maß = 144 Nösel. Erfurt: WM 1 Fuder = 12 Eimer = 252 Stübchen = 504 Kannen = 1008 Maß = 2016 Nösel; (1825) WM 1 Fuder = 6 Ohm = 12 Eimer = 864 Maß; BM 1 Eimer = 18 Stübchen = 36 Kannen = 72 Maß = 144 Nösel. Gera: 1 Eimer = 72 Kannen; BM 1 Faß = 6 Eimer = 432 Kannen. Gotha: (1825) 1 Fuder = 12 Eimer = 24 Anker = 480 Kannen = 960 Maß = 1920 Nösel. Greiz: 1 Eimer = 48 Kannen. Mühlhausen: (1850) WM 1 Eimer = 18 Kannen = 36 Maß = 72 Nösel; BM 1 Faß = 5 Eimer = 100 Kannen = 200 Maß = 400 Nösel. Nordhausen: (18./19. Jh.) 1 Faß = 3 Ohm = 4 Tonnen = 114 Stübchen = 228 Kannen = 456 Maß = 912 Nösel. Reuß: 1 Eimer = 72 alte (80 neue) Kannen. Schwarzburg-Rudolstadt: 1 Eimer = 36 Kannen = 72 Maß = 144 Nösel; BrM 1 Faß = 3 Eimer = 54 Stübchen = 216 Maß; BM 1 Eimer = 9 Ohmkannen = 72 Maß. Schwarzburg-Sondershausen: Unterherrschaft 1 Kanne = 2 Maß = 4 Nösel.

6. Gewichtmaße

a) Sachsen: (1717) 1 Zentner = 5 Stein = 110 Pfund. Leipzig (1717/1858) 1 Stein (Wolle) = 22 Pfund; 1 Kramerpfund = 2 Mark = 16 Unzen = 32 Lot = 128 Quentchen = 512 Pfenniggewichte = 1024 Hellergewichte; (ab 1858) HG 1 Pfund = 30 Lot = 300 Quent = 3000 Cent = 30000 Korn.

b) Thüringische Staaten: Sachsen-Altenburg: 1 Zentner = 100 Pfund. Sachsen-Coburg: 1 Zentner = 100 Pfund. Sachsen-Gotha: 1 Zentner = 110 Pfund. Sachsen-Meiningen: 1 Nürnberger Zentner = 100 Pfund. Sachsen-Weimar: 1 Leipziger Zentner = 5 Steine = 110 Pfund. Gera: 1 Zentner = 5 Steine = 110 Pfund. Erfurt: desgl. Nordhausen: 1 Zentner = 114 Pfund.

10. Raum Ost

Anm.: In diesem Abschnitt sind vom Königreich Preußen die Provinzen Sachsen, Brandenburg, Pommern, Westpreußen, Ostpreußen, Schlesien und Posen sowie das ehemalige Herzogtum Anhalt erfaßt. Im letzteren Gebiet galten die preußischen Maß- und Gewichtssysteme ab 1. Juli 1841. Preußen hatte am 16. Mai 1816 eine neue Maß- und Gewichtsordnung erlassen (Gesetzsammlung f.d. Preußischen Staaten 1816, S. 142 ff.). Sie trat endgültig am 1. Januar 1819 lt. § 30 des Gesetzes in Kraft, obwohl Lokalmaße sicher noch länger im Bewußtsein des Volkes geblieben waren.

1. Längenmaße

Allgemein: 1 Meile = 2000 Ruten = 24000 Fuß; 1 Rute = 2 Lachter = 12 Fuß = 144 Zoll = 1728 Linien; bei Feldmessungen (1835) 1 Rute = 10 Fuß = 100 Zoll = 1000 Linien = 10000 Skrupel. Schlesien: (16. Jh.) 1 Elle (od. Präger) = 3 Spannen = 7,5 Querhände = 30 Querfinger; (18. Jh.) 1 Landseil = 42 Ellen = 84 Fuß. Breslau: (16. Jh.) 1 Rute = 7,5 böhmische Ellen = (18./19. Jh.) 15 Fuß. Danzig, Kulm, Soldin: 1 Rute = 15 Fuß. Eichsfeld: 1 Rute = 19 Fuß.

2. Flächenmaße

Allgemein: 1 Tripelhufe = 45 Morgen; 1 Volkshufe (Hufe) = 30 Morgen; 1 Haken = 20 Morgen = 200 Gewende = 600 Seilen (Schnur). Pommern: 1 Hägerhufe = 2 Landhufen = 4 Hakenhufen = 60 Morgen = 600 Seilen (Schnur); 1 Dorfhufe = 30 Morgen. Königsberg: (1850) 1 Hufe = 1,5 Haken = 30 Morgen = 300 Gewende = 900 Seilen (Schnur). Magdeburg: (1819–1872) 1 Morgen = 6 Mesten. Schlesien: 1 Vierteil = 15 Morgen = 75 Quadratseil.

3. Raummaße

Allgemein: 1 Faß = 4 Tonnen, 1 kleines Faß = 2 Tonnen; 1 Cardeel = 2,5 Tonnen. 1 Tonne (Leinsaat) = 37,666 Metzen, f. Salz u. Kohlen = 43 Scheffel; 1 Viert = 4 Metzen. Berlin, Brandenburg: 1 Kasten (Kohlen, Eisensteine) = 12 Scheffel (in Berlin a. Ringel genannt). Schlesien: 1 Metze = 4 Maßel.

4. Getreidemaße

Allgemein: 1 Last = 3 Wispel = 6 Malter = 72 Scheffel = 1152 Metzen; im Großhandel 1 Wispel = 25 Scheffel; 1 Tonne = 2,5 Scheffel. Berlin; (1773) 1 Scheffel = 16 Metzen = 48 Quart; (1825) 1 Wispel = 2 Malter = 24 Scheffel = 96 Viertel = 384 Metzen. Breslau: (1825) *wie Berlin.* Danzig: 1 Getreidelast = 24 Schmaltonnen = 60 Scheffel = 240 Viertel = 960 Metzen; 1 Malzlast = 90 Scheffel = 1440 Metzen. Königsberg: (1552) 1 Last = 24 Tonnen = 60 Scheffel = 240 Viertel = 960 Metzen (Quartier) = 7680 Becher; (1825) 1 Last = 24 Tonnen = 56,5 neue Scheffel (od. 60 alte Scheffel). Magdeburg: (1704/1717) *siehe Berlin (1825).* Schlesien: 1 Malter = 12 Strich = 48 Viertel.

5. Flüssigkeitsmaße

Allgemein: BM 1 Gebräude = 9 Kufen = 18 Faß = 36 Tonnen; (ab ca. 1816) 1 Tonne = 100 Quart = 400 Quartier. Breslau: (1850) 1 Tonne = 200 Quart; 1 Eimer = 20 Topf = 80 Quart = 320 Quarterlein. Danzig: (1825) WM 1 Last = 2 Faß = 4 Both = 8 Oxhoft = 28 Anker = 240 Viertel = 1320 Stof. Königsberg: (1825) WM 1 Both = 1,333 Pipe = 2 Oxhoft = 3 Ahm = 12 Anker = 60 Viertel (Velten) = 360 Stof (s. 1714 Quart); BM (1850) 1 Last = 6 Faß = 12 Tonnen = 1200 Stof = 2400 Halbe = 4800 Quartier. Neuzittau: 1 Faß = 2 Tonnen = 4 Fäßlein = 80 Kannen; (1825) WM 1 Fuder = 4 Oxhoft = 6 Ohm = 12 Eimer = 24 Anker = 720 Quartier (Maß); 1 Eimer = 2 Anker = 30 Quart = 60 Viertel; 1 Achtel = 11 Quart = 44 Quartier (Maß); 1 Stof = 1,5 Quart = 6 Quartier (Maß). Schlesien: WM 1 Fuder = 2 Faß = 20 Eimer = 400 Topf = 1600 Quart = 6400 Quartier (Maß). Stargard, Stettin: (1825) 1 Oxhoft = 3 Eimer = 6 Anker = 180 Quart. Stralsund:

(1825) WM 1 Fuder = 4 Oxhoft = 6 Ohm = 24 Anker = 432 Kannen = 864 Pott = 1728 Pegel; BM (1850) 1 Last = 12 Tonnen = 48 Viertel = 96 Achtel; 1 Tonne Honig = 24 Stübchen.

6. Gewichtsmaße

Allgemein: 1 Schiffslast = 40 Zentner = 4400 köln. Pfund (od. 4000 Zollpfund); 1 Pipe Öl = 8–9 Zentner; (18./19. Jh.) 1 Zentner = 110 köln. Pfund (auch im Hztm. Anhalt); (bis 1816) HG 1 Pfund = 16 Unzen = 32 Lot = 128 Quent = 1280 Cent; (1816–1858) 1 Pfund = 30 Lot = 300 Quentchen = 3000 Cent = 30000 Korn; (ab 1858) 1 Zollpfund = 30 Lot = 300 Quentchen = 3000 Zent = 30000 Korn; 1 Quentchen = 4 Pfenniggewichte; AG (entfiel 1858) 1 Pfund = 12 Unzen = 24 Lot = 96 Drachmen = 288 Skrupel = 7200 Gran; MG (entfiel 1858) 1 Pfund Mark = 16 Lot Silber (od. 24 Karat Gold) = (ab 1819) 288 Gran. Berlin: (1825) 1 Last = 12 Schiffpfund = 24 Liespfund = 3360 Pfund. Breslau: (1825) 1 Schiffpfund = 3 Zentner = 396 Pfund; 1 Stein = 24 Pfund; 1 Zentner = 132 Pfund. Danzig: (1825) 1 Schiffpfund = 20 Liespfund = 320 Pfund; im Handel 1 Schiffpfund = 7,5 Liespfund = 120 preußische Pfund (Kronpfund); 1 Zentner = 3 große oder 5 kleine Steine = 102 od. 120 Pfund; Juwelengewicht Silber (entfiel 1858) 1 Lot = 4 Quentin = 16 Denar (oder 1 Lot = 1,5 Schott = 6 Quarter = 12 halbe Quarter); Juweliergewicht Gold (entfiel 1858) 1 feine Mark = 24 Karat = 96 Gran = 288 Grenn. Königsberg: HG 1 Schiffpfund = 3 Zentner = 10 große Steine = 16,5 kleine Steine = 20 Liespfund = 330 lübische Pfund; 1 Zentner = 128 Pfund. Magdeburg: (1717) 1 Stein (Wolle) = 20 Pfund. Stargard, Stettin: (1825) 1 Schiffpfund = 20 Liespfund = 400 Pfund. Stralsund: (1825) 1 Schiffpfund = 20 Liespfund = 280 Pfund; 1 Zentner = 112 Pfund.

7. Zählmaße

1 Kip = 30 Stiegen. 1 Stroh = 6 Wall. Danzig: 1 Zimmer = 4 Decher; 1 Fuder (Heringe) = 30 Wall; 1 Tonne (Heringe) = 18 Wall.

11. Randgebiete außerhalb Deutschlands

Anm.: Hier handelt es sich um jene Räume, in denen vornehmlich Deutsch gesprochen wird oder wurde. In erster Linie sind Ober- und Nieder-Österreich sowie Böhmen, Steiermark, Tirol und Kärnten gemeint, soweit die benutzte Literatur Maßangaben hergab. Österreich hatte bis 1804 zum alten Deutschen Reich gehört und war bis 1866 noch Mitglied des Deutschen Bundes gewesen. Zweitens war der deutschsprachige Teil der Schweiz hier zu berücksichtigen. Sie hatte ab 1. Januar 1840 eine neue Ordnung mit ihren »Concordats«-Maßen eingeführt. In Österreich geschah ähnliches erst nach 1851.

1. Längenmaße

a) Österreich: 1 Rute = 2 Klafter (od. Lachter) = 12 Fuß = 16 Achtel = 144 Zoll = 1728 Punkte; im Bergbau 1 Stabel = 300 Klafter (od. Lachter); 1 Bergbaulachter = 8 Achtel = 80 Lachterzoll = 800 Primen; 1 Postmeile = 4000 Klafter = 24000 Fuß; 1 Faust = 4 Zoll = 10 Strich. Böhmen: 1 Meile = 12600 Ellen = 25200 Fuß; 1 Landseil = 42 Präger (Ellen) = 126 Spannen = 1260 Querfinger. Tirol: 1 Gemünd = 4 Ellen.

b) Schweiz: 1 Wegstunde = 16000 Fuß; 1 Klafter = 6 Fuß = 60 Zoll; 1 Rute = 16 Fuß; 1 Stab (Aune) = 2 Ellen = 4 Fuß = 40 Zoll.

2. Flächenmaße

a) Österreich: 1 Joch = 2 Viertel = 4 Achtel (od. Rachelod) = 8 Sechzehntel; WGM 1 Joch = 4 Viertel = 8 Achtel; WGM im Raum St. Veit/Mödling: 1 Joch = 20 Pfund (!). Böhmen: 1 Viertel = 15 Morgen = 75 Quadratseile.

b) Schweiz: 1 Juchart = 4 Vierlinge.

3. Raummaße

a) Österreich: 1 Dreiling = 30 Eimer; 1 Urne = 38 Wiener Maß.
b) Schweiz: 1 Torfklafter = 12 Torfkörbe; f. Salz 1 Maß = 4 Viertel = 16 Vierlinge = 64 Mäßli; in einzelnen Gegenden für Salz: 1 Röhrli = 4 Mäß = 16 Viertel = 64 Vierlinge = 256 Mäßli.

4. Getreidemaße

a) Österreich: Allgemein: 1 Muth = 6 Mutte(l) = 30 Metzen = 480 (Mühl-)Maßel (Müllermaßel) = 1920 Futtermassel = 3840 Becher; f. Kalk 1 Muth = 30 Scheffel. Böhmen: 1 Malter = 12 Strich (Scheffel) = 24 Metzen = 48 Viertel = 96 Maßel. Eger: 1 Kahr = 10 Strich = 32 Napf. Salzburg: 1 Schaff = 6 Metzen = 32 Viertel = 288 Mäßle. Troppau: 1 Scheffel = 4 Viertel = 16 Metzen = 64 Mäßle.

b) Schweiz: Allgemein: (vor 1840) 1 Malter = 10 Viertel = 40 Vierlinge = 160 Mäßlein; 1 Mütt (Müdd) = 4 Viertel = 10 Immi; (s. 1840) 1 Malter = 10 Viertel (Quarterons) = 100 Immi. Appenzell: 1 Malter = 2 Mütt = 8 Viertel. Basel: 1 Sack = 8 Müdde = 32 Küpfli = 64 Becher; (1825) 1 Sack = 4 große Sester = 8 kleine Sester = 64 Becher. Bern: 1 Mütt = 12 Maß = 96 Achterli. Freiburg: 1 Mütl = 3 Sack = 12 Kopf (Coupes) = 24 Mäß (Bichets) = 48 Quarterons = 288 Immi. Genf: 1 Sack = 2 Mäß (Bichets) = 4 große Quarts = 16 kleine Quarts. Graubünden: (1850) 1 Lädi = 8 Mütl = 44 Viertel = 132 Quarterons = 528 Mäßlein. Sankt Gallen, Schaffhausen: (vor 1840) 1 Malter = 2 Mütt = 8 Viertel = 32 Vierlinge = 128 Mäßli. Solothurn: 1 Mütt = 1,5 Viertel = 12 Mäß = 32 Immi = 128 Batzendingli. Zürich: Hartkorn 1 Mütt = 4 Viertel = 16 Vierlinge = 64 Mäßli = 144 Immi; Weichkorn 1 Malter = 16 Viertel = 64 Vierlinge = 256 Mäßli. Zug: Hartkorn: 1 Mütt = 4 Viertel = 36 Immi; Weichkorn 1 Malter = 4 Mütt = 16 Viertel = 64 Vierlinge = 256 Mäßli. Zurzach: 1 Mütt = 4 Viertel = 36 Immi.

5. Flüssigkeitsmaße

a) Österreich: WM 1 Fuder = 32 Eimer = 1280 Maß = 5120 Seitel; 1 Faß = 10 Eimer = 164 Seitel; 1 Großseitel (Krügel) = 1,5 Seitel; BM,WM 1 Faß = 4 Eimer = 160 Maß. Böhmen: WM 1 Dreiling = 5 Faß = 20 Eimer = 640 Pinten = 2560 Seidel; BM 1 Gebräude = 30, 36 oder 40 Faß; 1 Fuder = 32 Eimer = 1024 Pinten = 4096 Seidel = 16384 Quartierl. Troppau: 1 Eimer = 80 Quart = 320 Quartierl. Wien: (1803) WM 1 Fuder = 32 Eimer = 1280 Maß (Kannen) = 2560 Halbe = 5120 Seitlein = 10240 Pfiff; (alt) 1 Dreiling = 3 Faß = 30 Eimer = 1200 Maß (Kannen) = 4800 Seitel (Pfiff); BM 1 Faß = 4 Eimer = 42,5 Maß = 170 Seitel; (1850) 1 Bierfaß = 4 Biereimer = 85 Maß = 340 Seitel.

b) Schweiz: (seit 1840) WM 1 Saum (Ohm) = 4 Eimer = 100 Maß (Pott) = 400 Schoppen; 1 Viertel (Sester) = 10 Immi. Appenzell: 1 Eimer = 4 Viertel = 32 Maß. Basel: (1825) WM 1 Saum = 3 Ohm = 120 Maß = 280 Schoppen. Bern: 1 gemeines Faß = 4 Saum; 1 Landfaß = 6 Saum. Dorneck: *siehe Thierstein.* Freiburg: 1 Faß = 16 Eimer = 400 Maß = 1600 Schoppen. Graubünden: (1850) WM 1 Saum = 90 Maß. Neuenburg, Kanton: WM 1 Stückle (Bosse) = 24 Bücken (Brandes) = 480 Schoppen (Pots). Sankt Gallen: WM 1 Fuder = 7,5 Saum = 30 Eimer = 120 Viertel = 960 Maß (oder 1080 Schenkmaß) = 3840 Schoppen. Schaffhausen: WM 1 Fuder = 8 Saum = 32 Eimer = 128 Viertel = 1024 Maß = 4096 Schoppen. Solothurn: WM 1 Saum = 4 Eimer = 100 Maß = 400 Schoppen. Thierstein, Dorneck: 1 Saum = 3 Ohm = 96 Maß. Winterthur: WM 1 Eimer lauterer Sinn = 15 Köpfe = 30 Lautermaß = 120 Quartli = 240 Schoppen (Stotzen); 1 Eimer trüber Sinn = 4 Viertel = 64 Landmaß trüber Sinn. Zürich: WM 1 Eimer lauterer Sinn = 4 Viertel = 60 Landmaß lauterer Sinn = 240 Stotzen; 1 Eimer trüber Sinn = 4 Viertel = 64 Landmaß trüber Sinn; 1 Kopf = 2 Land- (oder Schenk-)Maß = 8 Quärtli (Schoppen, Stotzen); 1 Ölmaß = 4 Schoppen; 1 Milchmaß = 4 Milchmäßli. Zurzach: WM 1 Saum = 4 Quartsaum = 108 Maß = 432 Schoppen.

6. Gewichtsmaße

a) Österreich: 1 Last = 20 Zentner = 2140 Pfund; 1 Saum = 275 Pfund; f. Stahl 1 Saum = 2 Lägel = 250 Pfund; f. Mehl und Weizen 1 Mut = 31 Strich = 36 Pfund, f. Roggen 32 Pfund; 1 Zentner = 112 Zollpfund, (1850) = 100 Pfund; HG 1 Pfund = 32 Lot = 128 Quent = (alt) 512, (neu) 576 Gran; (1835) HG 1 Pfund = 4 Viertel = 16 Unzen = 32 Lot = 128 Drachmen; AG 1 Pfund = 12 Unzen = 24 Lot = 96 Drachmen = 288 Skrupel = 576 Gran (oder 96 Quentchen = 384 Denar); Juwelengewicht 1 Dukat = 60 Gran; MG 1 Mark = 16 Lot = 64 Quentchen = 256 Pfennige = 512 Heller = 1024 Richtpfennige. Steiermark: 1 Lägel = 125 Wiener Pfund. Wien: 1 besondere Last = 20 Tonnen (Schiffsfracht) = 400 Zentner = 80000 Pfund; 1 Karsch = 4 Zentner = 20 Steine = 400 Pfund.

b) Schweiz: (1840) 1 Zentner = 10 Steine = 100 Pfund; Krämergewicht 1 Pfund = 16 Unzen = 32 Lot, (in Basel ist 1825 das HG 5 % schwerer als das Krämergewicht); 1 schweres Pfund = 48 Lot; 1 Schaff Butter = 18 schwere Pfund. Graubünden: (1850) 1 Zentner Schwergewicht = 6 Rupp = 75 große (oder 100 leichte) Krinnen (Pfund).

II. Die Geldsysteme

1. Allgemeine Anmerkungen

An dieser Stelle soll nur etwas über historische »Währungen« (engl. currency; franz. valeur monétaire; ital. valuta) gesagt werden, nicht aber über Aussehen und Beschaffenheit von Geldstücken. Der von mir mit diesen Zeilen angesprochene Personenkreis hat in erster Linie einen Informationsbedarf an früheren »regionalen« Geldsystemen, um Geldwerte in schriftlichen Überlieferungen verstehen zu können. Es gibt zwar umfangreiche Abhandlungen zur Geldgeschichte. Sie aber sind durchweg großräumig angelegt, mit vielem »münzgeschichtlichem« Ballast beschwert und einem laienhaften Leser oft kaum verständlich. Auch regionale Darstellungen – ihrer Natur nach weit verstreut – beschreiben ebenfalls gern das Münzgut, sagen aber meistens nur Undeutliches zum Finanzsystem aus. Darüber aber möchte man sich in unserem Fall informieren.

Im deutschen Sprachraum gab es anfangs drei Währungsarten[1]:

1. Die Reichs- oder Rheinische Währung »1 fl = 60 xr«,
2. Die Meißnische 24-gr-Währung und
3. Die lübische 32-ß-Währung.

In älteren Vorlagen begegnet man aber dem Wort »Währung« so gut wie gar nicht, höchstens hier und da dem lateinisch-italienischen Wort »valuta«, was mehrere Bedeutungen hat: Geldbetrag; Wert von Wechseln; Münzfuß; Münzsorte und schließlich Währung. Letzteres ist wiederum auf zweifache Weise zu definieren:

a) Garantie einer Staatsregierung, das Gewicht und den Feingehalt ihres Kurantgeldes zu gewährleisten und b) ein durch Gesetz festgelegtes Geldsystem, aus dem die tragende Werteinheit (Kurantgeld) und die Unterteilungen (Schiedsgeld) erkennbar sind. Außerdem verpflichtet das Gesetz jedermann, das Kurantgeld bei Zahlungen in jeder Höhe anzunehmen.

In unserem Fall ist nur der erste Satz der Definition b) angesprochen. Wenn also ein deutscher Staat dereinst festgelegt hatte, »36 Mariengroschen seien 216 Pfennige oder 432 Heller und machen den Wert eines Talers aus«, so wäre eine in etwa gleicher Zeit getroffene Feststellung »24 Gutegroschen = 192 Pfennig gelten 1 Taler« nicht ebenfalls ein Währungsindex, sondern lediglich eine – modern ausgesprochene – »Devisenrechnung«. Der Taler stellt in diesem Beispiel ausschließlich einen überregionalen Leitwert dar und ist – zumindest seit dem 18. Jahrhundert – meistens als Rechnungseinheit gemeint.

Landeswährungen in exaktem Sinne gab es in den deutschen Staaten erst seit dem ausgehenden 17. Jahrhundert, allerdings von Einzelfällen abgesehen. Nach ihnen rechnete man im internen Zahlungsverkehr. Alle anderen Wertvergleiche sollte man als »Bewertung von Devisen« betrachten, wobei die Grenze oft fließend gewesen ist. Für die meisten kleinen Staaten war der Weg zum Nachbarland nicht weit. So flossen fremde Zahlungsmittel leicht in eigenes Gebiet ein und wurden von jedermann ange-

1 Schrötter, Fr. Frh. v., Lexikon der Münzkunde, 1970, Stichwort »Währung«.

nommen. Man muß sich dieses vorstellen, als wenn heute jeder Bäcker in der Bundesrepublik ein Brot zum Preis von 2,60 Mark gegen Hergabe eines dänischen 10-Kronenstückes über den Ladentisch reichen würde. Es kommt hinzu: Damalige Landesherren ließen gewisse fremde Geldstücke nachprägen, wenn es für sie vorteilhaft erschien. Zahlreiche Verordnungen jener Zeiten geben davon Kenntnis. Dem modernen Betrachter wird das Hin und Her zu einem Verwirrspiel mit der Folge: In den verflossenen 100 Jahren ließen sich Autoren von Ortsgeschichten o. ä. dazu verleiten, das Durcheinander noch zu erschweren. Da wurden Taler, Gulden, Groschen, Kreuzer, Batzen, Matthier, Schillinge, Gosler und Schreckenberger wahllos bemüht und oftmals falsch aus den Quellen gelesen. Da hat man die Mark als zeitgenössische Währungseinheit benutzt, obwohl es sie im fraglichen Gebiet nicht gab. Da ist der Unterschied zwischen dieser »Währungseinheit« und dem »Gewichtsmaß« gleichen Namens für Edelmetall[2] übersehen oder nicht hervorgehoben. Außerdem versucht man immer wieder gern, alte Geldbeträge durch die Mark des späteren Deutschen Reiches oder gar unserer heutigen Deutschen Mark zu ersetzen, obwohl Vergleiche überhaupt nicht oder nur mit außerordentlichen Einschränkungen möglich sind.

Will man den hier angesprochenen Interessenten helfen und ihm die historischen Geldverhältnisse ein wenig verständlich machen, muß man vieles vereinfachen. Ich habe es in den folgenden Abschnitten versucht und bitte Besserwissende um Nachsicht.

Anlage A: Münzarten

1. **Zahlungsmünzen (Gewerbsmünzen)** müssen von einer gesetzlich verordneten Güte und Feinheit sein, sowie das gesetzmäßig vorgeschriebene Gewicht der ausgeprägten Metalle halten.
2. **Kurantgeld (Currentgeld; Abk. crt.)** ist jenes Zahlungsmittel, welches nach dem Hauptzinsfuß geprägt wurde und mit seinem Nennwert von jedermann in Zahlung genommen werden muß, im Gegensatz zur Scheidemünze (Schiedsgeld). In Hamburg war es früher besonders das grobe Silbergeld im Gegensatz zum Bankgeld oder Banco.
3. **Schiedsgeld (Scheidemünze)** ist jenes Zahlungsmittel, das nur im Kleinverkehr dient und nur bis zu einem bestimmten Betrag als gesetzlich zugelassenes Geld genommen werden muß. In der Regel haben diese Geldstücke einen höheren Nennwert, als ihnen nach ihrem Metallgehalt zukommt.
4. **Handelsmünze (Fabrikmünze)** ist ein grundsätzlich für den Zahlungsverkehr mit dem Ausland geprägtes Geld. Darunter fallen in der Vergangenheit z. B. Pistolen, Louisd'ors, Dukaten, Portugalöser, Speziestaler u. a. m.
5. **Kassengeld** ist a) das auf dem Reichstag zu Regensburg im Jahre 1737 beschlossene Silbergeld, das nach dem 12-Talerfuß geprägt worden ist; b) in besonderem Maße ist es das im Kurfürstentum Hannover im 18. Jahrhundert von der Landkasse anerkannte Geld.

2 Man beachte das Stichwort »Mark« im Teil I.

6. **Rechnungsmünze** ist eine fingierte ungeprägte Werteinheit, die zur Buch- und Rechnungsführung der Kaufmannschaft diente. Auch das landesübliche Geld, nach dem man rechnete, kaufte oder verkaufte, konnte als Rechnungsmünze dienen (z. B. die Hamburger »Mark Banco«, die – obwohl ungeprägt – den Nennwert von 8,5 Gramm Feinsilber besaß).

Anlage B: Münzfeinheit

Die Münzfeinheit bezeichnet den absoluten Gewichtsanteil an Edelmetall bei einer Münz- oder anderen Legierung. Mit diesen Gewichten rechnete man im Münzrecht vornehmlich bis 1857:

1 Mark Feingold = 24 Karat = 288 Grän = 233,81 Gramm.
1 Mark Feinsilber = 16 Lot = 288 Grän = 233,81 Gramm.
1 Lot = 14,6131 Gramm
1 Karat = 9,7421 Gramm
1 Gran = 811,8402 Milligramm.

(Im Gegensatz zu Feingold gibt es Rauhgold, wovon 1 Mark die Legierung von 21 Karat Gold und 3 Karat Zusatz ist. Bei Silber ist es das Rohsilber. 1 Mark dieser Legierung bestehen aus 12 Lot Feinsilber und 4 Lot Zusatz.)

Anlage C: Münzfüße

Der Münzfuß ist das Ergebnis einer gesetzlichen Bestimmung über Namen, Gewicht und Mengenverhältnisse der Metalle, aus denen eine Münze bestehen soll, insbesondere mit der Angabe, wieviele Geldstücke aus der Gewichtseinheit (in Deutschland bis 1857 die kölnische Mark – 233,855 Gramm –, seit 1857 das Zollpfund – 500 Gramm) Feingold oder Feinsilber hergestellt werden sollen.

Die für unseren Fall bedeutsamsten Münzfüße sind:

1. Der preußische Currentfuß seit 1750: Aus einer kölnischen Mark feinen Silbers waren 14 (neue) Reichstaler zu schlagen. Bei diesem Münzfuß handelt es sich im Grunde um einen »21-Guldenfuß«, wobei zu wissen ist, daß ein damaliger Gulden ein $^{2}/_{3}$- Reichstalerstück war.

2. Der 1753 geschaffene »20-Guldenfuß«, der sogenannte Konventions-Currentfuß. Er wurde 1754 in Süddeutschland zum »24-Guldenfuß« abgeändert.

3. Durch die Dresdener Konvention von 1837 wurden in Süddeutschland der »$24^{1}/_{2}$-Guldenfuß« und die süddeutsche Guldenwährung »$24^{1}/_{2}$ fl = 14 tlr.« eingeführt.

4. 20 Jahre später, im Januar 1857, wurde im Wiener Münzvertrag vereinbart, daß der bisher auf die »kölnische Mark« (233,855 Gramm) abgestellte Münzfuß abgeschafft und durch das neue »Zollpfund« (500 Gramm) abgelöst werden sollte. Damit galt für Norddeutschland der 30-Talerfuß (30 Talerstücke aus 500 Gramm Feinsilber), für Süddeutschland der $52^{1}/_{2}$-Gulden- und für Österreich ein 45-Guldenfuß.

Anlage D: Münzkonventionen

Münzkonventionen sind Verträge selbständiger Staaten über Einführung eines bestimmten Münzfußes *(siehe Anlage C)* und die gegenseitige Annahme der gleichmäßig geprägten Münzen bei öffentlichen Kassen der vertragschließenden Staaten. Die für Deutschland wesentlichsten Konventionen sind die »Augsburger Konvention« von 1753, die »Dresdner Konvention« von 1837 und der »Wiener Münzvertrag« von 1857. Einige ältere Konventionen können hier unberücksichtigt bleiben. Sie würden den hier angesprochenen Personenkreis nur unnötig verwirren. Bei Bedarf möge man sich entsprechender Fachliteratur bedienen.

2. Die deutschen Landeswährungen

Gehen wir also um mehr als 300 Jahre zurück. Bis in das 19. Jahrhundert hinein war als Zahlungsmittel im wesentlichen nur Hartgeld in Umlauf. (Es ist hier nicht der geeignete Ort, um auf das Thema Papiergeld einzugehen). Es sei mir daher gestattet, lediglich auf Hermann Rittmanns Arbeit[3] und andere Fachliteratur hinzuweisen.

In den Währungsgebieten der Kreuzer und Groschen des alten Deutschen Reiches war der seit 1566 eingeführte Reichstaler die einheitliche Handelsmünze. Ihm hängten sich die einzelnen Staaten mit ihren »Kleingeldwährungen« an[4]. Auch bei diesem Reichstaler kann man in der Folgezeit – wie früher bei anderen Geldsystemen – das Phänomen »Geldverfall« beobachten. So war um 1700 bereits das Geldstück, also der geprägte Reichsspeziestaler, in der Praxis kaum noch vorhanden[5]. Viele Anlässe hatten das gute Silberstück aus dem Umlauf verschwinden lassen. Im täglichen Geldverkehr war der Reichstaler nicht mehr als ein Rechnungswert.

Lange schwelende Reformbestrebungen im Süden des Reiches ohne praktische Ergebnisse veranlaßten schließlich Preußen – vornehmlich infolge miserabler Finanzverhältnisse im eigenen Land – selbst sein Geldsystem zu erneuern. Ohne Rücksicht auf Pläne in Wien geschah dieses im Jahre 1750. Preußen schuf einen neuen Reichstaler als seine Währungseinheit[6], der bis zum Jahre 1821 gängiges Zahlungsmittel in Preußen war.

Drei Jahre später, 1753, folgten Bayern und Österreich mit einer Reform. Sie hatten in Augsburg den sogenannten »Konventionsfuß« vereinbart[7] und damit ebenfalls einen neuen Speziestaler, den »Konventionstaler« schaffen wollen. Komplizierte, hier nicht zu erläuternde Gründe verhinderten damals eine Währungseinheit zwischen Österreich und den süddeutschen Staaten in der vorgesehenen Form. Erst ein Jahr später hatte man einen Kompromiß gefunden. In Süddeutschland wurde der sogenannte »Rheinische Gulden« Leitwährung, eine Entwicklung, die sich in der Schlußphase des Siebenjährigen Krieges (etwa 1761) langsam in den fraglichen Staaten durchsetzte[8]. In

---

3 Rittmann, H., Deutsche Münz- und Geldgeschichte der Neuzeit bis 1914, Seite 83 ff. (Siehe Lit.-Verz. Nr. B 43).
4 Ebd., S. 48.
5 Ebd., S. 59.
6 Ebd., S. 57.
7 Siehe Anlage 3.
8 Rittmann, H., a.a.O., S. 60 f.

Norddeutschland blieb die Talerwährung bestehen. Hier hat sich die Bezeichnung »Reichstaler« noch lange erhalten, obwohl es korrekt »Konventionstaler« heißen muß. Zum Teil blieb es noch so, nachdem Preußen für seinen Taler von 1750 diesen Namen im Jahre 1821 abgeschafft hatte[9].

Der währungspolitischen Entwicklung des 18. Jahrhunderts hatten sich die drei Hansestädte Hamburg, Lübeck und Bremen nicht angeschlossen. Sie waren bei ihrer eigenen Währung geblieben. Hamburg war wirtschaftlich als unmittelbarer Nachbar Holsteins nach Dänemark orientiert, und Lübeck galt als Hamburgs Tor zur Ostsee[10]. Ihre Rechnungseinheit war seit dem Mittelalter die lübische Mark[11]. Bei Bremen finden wir eine völlig eigene Entwicklung[12]. Man beachte hier den Teil III: Die Währungen, Ziffer 01.

Die Jahre der französischen Revolution, der Koalitionskriege, Napoleons Aufstieg, der Untergang des Deutschen Reiches im Jahre 1803, die Befreiungskriege und die unmittelbare Nachkriegszeit haben in den Gebieten des Konventionstalers und in Preußen das Geldwesen kaum verändert. Anders war es mit der Guldenwährung in den süddeutschen Ländern. Dort verdrängte der aus dem niederländischen (belgischen) Gebiet hereinströmende »Kronentaler« das Guldensystem ab etwa 1792. Zwar verfiel sein Wert in den folgenden Jahren, gehalten hat sich dieses Geld dennoch bis zum Ende der 1830er Jahre[13].

Die Kleinstaaterei innerhalb des – nur geographisch zu verstehenden – Gebietes Deutschland hatte bis weit in das 19. Jahrhundert hinein ein für alle gültiges einheitliches Währungssystem verhindert. Nach echt deutscher Mentalität, nur nichts einheitlich zu gestalten, wollte niemand verzichten, der eine nicht auf seinen »Batzen«, der andere nicht auf seinen »Kreuzer« oder »Groschen« usw.

Das erste große währungspolitische Ereignis jener Zeit ist Preußens abermalige Geldreform im Jahre 1821[14]. Im Zuge der staatlichen Erneuerung im Jahre 1816 ff.[15] waren die inneren Zollinien des Landes abgeschafft und der Staat zu einem einheitlichen Wirtschaftsgebiet gemacht worden. Damit wurde der Weg zu einer Bereinigung der landschaftlich immer noch bestehenden Unklarheiten im Geldwesen frei. Fortan galt in ganz Preußen nur noch eine Währung: Der Preußische Taler zu 30 Silbergroschen mit je 12 Pfennigen.

Der 1833 gegründete Deutsche Zollverein wurde am 1. Januar 1834 aktiv. In dem Vereinsvertrag waren u. a. Verhandlungen über ein einheitliches Währungssystem vorgesehen. Süddeutsche Staaten waren die ersten Mitglieder: Bayern, Württemberg, Baden, Hessen-Darmstadt, Nassau und Frankfurt/Main. Sie gründeten am 25. August 1837 den »Süddeutschen Münzverein«. Spätere Mitglieder waren Hessen-Homburg, Hohenzollern-Sigmaringen, Sachsen-Meiningen und Schwarzburg-Rudolstadt. Als gemeinsame Leitwährung wurde der rheinische Rechnungsgulden festgelegt, unterteilt in 60 Kreuzern. Die weitere Einteilung in Pfennige, Heller oder anderes sollten die Länder selbständig regeln. Goldene Dukaten blieben für Außenhandelszwecke bestehen.

---

9 Gesetz über die Münzverfassung in den Preußischen Staaten vom 30. September 1821, in: Gesetzsammlung f. d. Königl. Preußischen Staaten, 1821, S. 159 ff.

10 Rittmann, H., a.a.O., S. 64.

11 Siehe Anlage 5: Hamburg & Lübeck.

12 Vgl. auch : Förster, W., Das Haus am Wall, S. 28 (Lit.-Verz. Nr. B 23).

13 1 Kronentaler = 100 Kreuzer.

14 Siehe Fußnote 9.

15 Knaut, M., Geschichte der Verwaltungsorganisation unter besonderer Berücksichtigung Preußens und der rheinisch-westfälisch-lippischen Lande. Stuttgart 1961, S. 19 ff. (Verwaltung und Wirtschaft, 26).

Die norddeutschen Länder Hannover, Oldenburg, Waldeck, Braunschweig, Lauenburg, Holstein, Lippe-Detmold, Schaumburg-Lippe, Mecklenburg sowie die Hansestädte waren dem Zollverein noch fern geblieben. Österreich war dem »Süddeutschen Münzverein« nicht mehr beigetreten. In einen erheblichen Teil der vorgenannten Staaten Norddeutschlands drang der expansionssüchtige Taler Preußens als Kurantmünze ein und verdrängte den dort noch geltenden Konventionstaler. Dieses führte schließlich zur Dresdener Münzkonvention vom 30. Juli 1838. Auf ihr wurde ein festes Wertverhältnis zwischen dem Taler (im Norden) und Gulden (im Süden) geschaffen: 2 Taler = $3^1/_2$ Gulden.

Bezeichnenderweise war es in Dresden nicht gelungen, Nord und Süd zur Aufgabe der eigenen Währung zu veranlassen. Man hatte nur einen ersten Schritt zu einem einheitlichen deutschen Geldsystem erreicht, indem man wenigstens bereit gewesen war, teilweise vom Duodezimalsystem abzugehen. Die Umstellung von der hergebrachten Zwölferrechnung auf die heute übliche Zehnerrechnung war im mittleren 19. Jahrhundert noch sehr schwer. Eine weitere Neuerung: Der preußische Friedrichsdor – eine Goldmünze– mit dem Rechnungswert von 5 Talern hatte die alte Pistole gleichen Wertes abgelöst.

Der Dresdener Konvention waren später noch mehrere Staaten beigetreten. Doch sie bestand nur bis zum Jahre 1857, als man sich in Wien über einen neuen Münzvertrag einigte, der hier unberücksichtigt bleiben mag (man vergleiche Anlage 3, Ziff. 4).

Mit kleinen Varianten war dieses die Situation in den deutschen Bundesstaaten bei der Gründung des Deutschen Reiches im Jahre 1871, als man die reichseinheitliche Mark einzuführen begann. Das erste Gesetz hierzu verabschiedete der Reichstag am 4. Dezember 1871[16]. Es sollte allerdings noch das Jahr 1875 bis zur endgültigen und allgemeinen Einführung jener »hinkenden« Goldwährung[17] vergehen. Mit Gesetz vom 9. Juli 1873[18] hatte sich das Reich zwar eindeutig zur Goldwährung bekannt. Allein, den bisherigen silbernen Talern und Doppeltalern war in der Reichswährung die Eigenschaft von unbeschränkt gültigen Zahlungsmitteln neben den Reichsgoldmünzen zuerkannt worden. Sie sollten hinfort 3 bzw. 6 Mark (Gold) gelten. Daher der eben genannte Name »hinkende Währung«.

Die kaiserliche Verordnung vom 22. September 1875[19] bestimmte schließlich, daß ab 1. Januar 1876 die Reichswährung »1 Mark = 100 Pfennige« hieß. Hierzu ist jedoch anzumerken: Einige Bundesstaaten hatten die Markwährung schon vor diesem Stichtag bei sich eingeführt.

16 Reichsgesetzblatt, 1871, Seite 404 ff.
17 Sprenger, Bernd, Währungssysteme des 19. Jahrhunderts in Deutschland. (Lit.-Verz. Nr. B 45).
18 Reichsgesetzblatt, 1873, S. 273.
19 Ebd., 1875, S. 303.

3. Benutzte Abkürzungen

A. Geldarten

CaG	=	Kassengeld
GoM	=	Goldmünze
HaM	=	Handels-, Fabrikmünze
KuG	=	Kurantgeld
ReE	=	Rechnungseinheit
ReM	=	Rechnungsmünze
SchM	=	Scheidemünze
SiM	=	Silbermünze
ZaM	=	Zahlungsmünze

B. Währungseinheiten

alb	=	Albus
ba	=	Batzen
d	=	Pfennig, Denar
duk	=	Dukat
fl	=	Floren, Gulden
ggr	=	Gutergroschen
gr	=	Groschen
grl	=	Gröschel
grt	=	Groten (Mz. Grot)
gsl	=	Gosler
he	=	Heller
kgr	=	Kaisergroschen
ktl	=	Konventionstaler
mfl	=	Mariengulden
mgr	=	Mariengroschen
mk	=	Mark
mtr	=	Matthier
ngr	=	Neugroschen
ptl	=	preuß. Taler
rgr	=	Reichsgroschen
rtl	=	Reichstaler
sgr	=	Silbergroschen
stü	=	Stüber (Stüver)
sw	=	Schwaar
ß	=	Schilling
tlr	=	Taler
wd	=	Weißpfennig
wgr	=	Weißgroschen
wi	=	Witte
xr	=	Kreuzer
ztl	=	Rechnungstaler

4. Die Währungssysteme

In den folgenden Übersichten sind die einzelnen Regionen Deutschlands nach geographischen, wirtschafts- oder finanzhistorischen Gesichtspunkten zusammengestellt worden. Staatsrechtliche oder politische Länder findet man geschlossen nur dort, wo sie der geographische Raum umfaßt. Das im 18./19. Jahrhundert bstehende deutsche Gebiet ist demnach in folgende Räume aufgeteilt:

01. Die Hansestädte: Bremen, Hamburg und Lübeck.
02. Nordelbingen: Herzogtümer Schleswig, Holstein. Lauenburg und die beiden Großherzogtümer Mecklenburg.
03. Niedersachsen: Kurfürstentum bzw. Königreich Hannover (einschl. der ehem. Bistümer Bremen und Verden), Herzogtum Braunschweig, Großherzogtum Oldenburg (ohne den Gebietsteil Birkenfeld und Oldenburg in Holstein), ehem. Fürstentum Ostfriesland und das Fürstentum Schaumburg-Lippe.
04. Westfalen: Die preuß. Provinz Westfalen und das Fürstentum (früher Grafschaft) Lippe.
05. West: Die preußische Rheinprovinz, der oldenb. Gebietsteil Birkenfeld und das ehem. Fürstentum Lichtenberg.

06. Hessen: Kurfürstentum Hessen(-Kassel), Großherzogtum Hessen(-Darmstadt), Herzogtum Nassau, Reichsstadt Frankfurt/Main und Fürstentum Waldeck.
07. Südwest: Großherzogtum Baden, Königreich Württemberg, das preußische Hohenzollern-Sigmaringen und die zu Bayern gehörige Rheinpfalz.
08. Süd: Königreich Bayern (ohne die Pfalz).
09. Mitte: Königreich Sachsen und die thüringischen Kleinstaaten Sachsen-Altenburg, Sachsen-Coburg-Gotha, Sachsen-Meiningen, Sachsen-Weimar, Reuß ältere u. jüngere Linie, Schwarzburg-Sondershausen und Schwarzburg-Rudolstadt.
10. Ost: Die preußischen Provinzen Sachsen, Schlesien, Pommern, Brandenburg, Westpreußen, Ostpreußen und Posen, Herzogtum Anhalt.
11. Ausland: Österreich und Schweiz (deutschsprach. Teil).

Vor einen Teil der Währungssysteme sind in () Jahreszahlen gesetzt. Sie sollen dem Benutzer lediglich einen Hinweis geben, in welche Zeit die Angaben einzuordnen sind. Nur mit »bis ...« oder »ab ...« wurde die Grenze einer zeitlichen Gültigkeit ausgedrückt.

Die einzelnen Währungseinheiten sind aus Raumspargründen durchweg in Form von Abkürzungen wiedergegeben. Bei in [] stehenden Wertvergleichen dürfte es sich nicht um ein Währungssystem handeln, sondern wahrscheinlich um eine Bewertung landesfremder Münze (»Devisen«). Ich habe in Einzelfällen solche Angaben übernommen, da ich mir ihrer Bedeutung nicht sicher war.

00. Das Heilige Römische Reich deutscher Nation

(16. Jahrh.) 1 fl = 15 ba = 60 xr.
(1739 bis 1806) 1 rtl. = 1 1/2 fl = 4 1/2 Kopfstücke = 30 ß = 90 xr.

01. Die Hansestädte

a) Bremen. Ab 1622 bis 1735 bestand in Bremen die Silberwährung 1 tlr = 72 grt = 360 swa. Schon vorher war der Rat bemüht, den goldenen Louisdor (man nannte ihn später Pistole) zur Grundlage des städtischen Geldwesens zu machen. Der endgültige Beschluß wurde im Jahre 1735 gefaßt: Unter den Goldmünzen sollten nur noch der Louisdor und der Dukat zur Ausgabe und Einnahme gebraucht werden. Das bedeutete die Abkehr von der Silberwährung und gleichzeitigen Einstieg in die Goldwährung. Wilhelm Jesse[1] sagt: »Alle Silbermünzen wurden seitdem in Bremen nur nach Gold bemessen, und es entstand damit der Begriff eines ideellen »Taler Gold«, der ohne Rücksicht auf den inneren Wert 72 grt galt.« Es war der 5. Teil der Pistole (Louisdor), im übrigen aber nur mehr eine Rechnungseinheit. Bremens Währung war also: 1 Pistole = 5 tlr Gold = 360 grt = 1800 swa, wobei es im täglichen Kleinverkehr mit 1 tlr Gold (ReE) = 72 grt = 360 swa blieb bis zur Einführung der Reichswährung am 1. April 1872 mit dem anfänglichen System »1 mk = 21,666 grt« und dann endgültig am 1. Juli 1872: »1 mk = 100 d«.

1 Jesse, W., Bremens neuere Münzgeschichte (siehe Lit.-Verz. Nr. B 33).

(Die 1857 eingeführte »Krone« des Deutschen Zollvereins wurde zwar in Bremen als gesetzliches Zahlungsmittel anerkannt, setzte sich währungsmäßig aber nicht durch. Ihr »Devisenwert« war 4,4 tlr Gold.)

b) Hamburg. In älterer Zeit war Hamburg wirtschaftlich stark mit Dänemark verbunden. Seine Landeswährung war seit dem 16. Jahrhundert –1856: 1 mk = 16 ß = 192 d. 3 mk standen für einen Reichtstaler. Im Kleinverkehr setzte sich ab 1821 das System 1 ptl = 30 sgr = 360 d langsam durch, doch der Großhandel blieb bis 1873 bei der Rechnungsvaluta 1 mk banco = 16 ß = 192 d.
Im Jahre 1873 ging Hamburg zur Reichswährung über.

c) Lübeck. Lübeck als Tor Hamburgs zur Ostsee hatte währungsmäßig großen Einfluß auf Hamburgs Geldsystem ausgeübt. Seine Währung war 1566 noch 1 mk = 20 ß = 240 d [3 mk = 1 rtl], doch fand ich später (1704/1825) 1 mk = 16 ß = 192 d [und wiederum 3 mk = 1 tlr]. Ab 1825 wie Hamburg.

02. Raum Nordelbingen

a) Schleswig und Holstein. Dieses Gebiet ist zum großen Teil erst spät Teil Deutschlands geworden. Zedler[2] nennt für Holstein im Jahr 1739: 1 tlr = 3 mk lüb. = 6 mk dän. = 24 gr = 48 ß lüb. = 288 d meißn. Für das Rechnungswesen galt die Einschränkung 1 mk lüb. = 16 ß lüb. = 96 d. 1788 heißt es für das Gesamtgebiet der beiden Herzogtümer: 1 tlr = 60 ß = 720 d. In der Zeit von 1813 bis 1848 galt dänische Währung, obwohl es 1835 in der Allg. Deutschen Encyclopädie[3] heißt: 1 mk = 16 ß = 192 d.
(1848) 1 ptl = 40 ß = 480 d. (1.1.1849) 1 schlesw.-holst. mk = 16 ß = 192 d. 1850 herrschte die dänische Währung erneut, bis in Holstein (1863) und in Schleswig (1864) wieder die Mark eingeführt wurde (1 mk = 16 ß).
Am 1. Januar 1869 wurde der Vereinstaler Währungsgrundlage: 1 tlr = 30 sgr = 360 d, ein System, das bis zum 31. Dezember 1874 galt. Am 1. Januar 1875 wurde die neue Reichswährung eingeführt.

b) Herzogtum Lauenburg. Im 17. Jahrhundert war das Landesgeld an die lübische Währung angelehnt: 1 rtl = 60 ß = 720 d. Zusätzlich war allerdings auch der Gulden eine Art Leitwährung, von denen zwei Stück etwas mehr als einen Reichstaler galten: 1 fl = 31 ß = 372 d; ab 1848 war die Landeswährung 1 ptl = 40 lüb.ß = 480 d.

d) Herzogtümer Mecklenburg (-Schwerin und -Strelitz). 16. Jh.: 1 fl = 24 lüb.ß = 288 d. 1765: 1 lüb.mk = 16 lüb.ß = 192 d; 1825–1848: 1 ptl = 3 lüb.mk = 24 gr = 48 ß = 192 wi = 576 d; vom 1. April 1868 ab galt das preußische Münzgesetz vom 4. Mai 1854:1 ptl = 30 sgr = 360 d.

2 Siehe Literaturverzeichnis Nr. A 59.
3 Siehe Literaturverzeichnis Nr. A 38.

03. Raum Niedersachsen

a) Herzogtum Braunschweig. Seit 1623: 1 rtl = 36 mgr = 288 d; 1704 auch: 1 rtl = 24 ggr = 72 mtr = 288 d; 1739 auch: 1 mfl = 20 mgr = 40 mtr = 160 d; 1764:: 1 ktl = 36 mgr = 288 d; 1834: 1 ptl = 24 ggr = 288 d; 1854–1873: 1 tlr = 30 sgr = 300 d; ab 1873 war die Reichswährung in diesem Gebiet eingeführt. (Raum Lüneburg siehe bei b.).

b) Kurfürstentum/Königreich Hannover (ohne Ostfriesland. Dieses siehe unter c.). Die Gebiete Braunschweig-Lüneburg und Hannover sind währungshistorisch schwer voneinander zu trennen. Deshalb vergleiche man die Zeiten bis um 1800 unter a.) Um 1800: 1ktl = 36 mgr = 432 d (1817 wurde der Konventionstaler offiziell eingeführt). 1817–1825: 1 ktl = 24 ggr = 288 d; ab 1825 setzte sich der preußische Taler langsam durch und wurde im Jahre 1834 amtlich in den hannoverschen Landen eingeführt: 1 ptl = 30 sgr = 360 d; 1857 - 31.12.1867: 1 ptl = 30 sgr = 300 d; ab Januar 1868 wieder 1 ptl = 30 sgr = 360 d. Einzelgebiet Lüneburg: 1704: 1 rtl = 322 ß; 1817/1834: 1 ktl = 24 ggr = 288 d. Einzelgebiet Osnabrück: Ab 1803–1825: 1 ztl = 1 1/3 konv.fl. = 21 ß (od. 36 mgr) = 72 mtr = 252 d = 504 he. Ab 1. 7. 1834: 1 tlr = 24 ggr = 288 d. Im alten Herzogtum Bremen: vor 1719: 1 mk = 16 ß. Im alten Herzogtum Verden: vor 1719: 1 tlr = 72 grt = 360 sw (wie Stadt Bremen).

c) Großherzogtum Oldenburg. Um 1550: 1 rtl = 59 (1619: 78) grt. 1625/1704: 1 rtl = 72 grt = 360 sw. 1760: 1 rtl = 36 grt = 288 sw. 1825: 1 tlr = 72 grt = 360 sw, doch bei landesherrlichen Abgaben auch: 1 rtl = 48 ß od. 54 stü = 192 Ortjes. Bei Wechselgeschäften galt Goldvaluta wie in Bremen. 1838 wählte Oldenburg für das Gebiet Birkenfeld (*siehe 05)* das preußische Währungssystem. 1857 Beitritt zum Wiener Münzvertrag: 1 ptl = 30 gr = 360 sw. Einzelgebiet Jeverland: Grundsätzlich wie Oldenburg, doch rechnete man dort auch: 1 grt = 4 d = 8 he. Daneben zeitweise 1 tlr = 54 stü = 192 Ortjes (s.o.). Altes Gesamtsystem: 1 rtl = 9 ß = 18 Flinderke = 27 Schaaf = 54 stü = 72 grt = 216 Ortjes = 360 wi.[4]

d) Ostfriesland (1744–1807 preußisch, 1807–1813 holländ. bzw. französ., ab 1813 wieder preußisch): 1545: 1 fries. Daler = 15 Schaap = 30 stü = 120 Ortjes = 300 wi. Ab ca. 1621: 1 rtl = 27 Schaap = 54 stü = 540 wi. (Um 1625: 1 rtl = 9 fries. Daler). 1730: 1 rtl = 36 mgr = 288 d. 1821/1841: 1 tlr = 30 stü = 300 wi (auch Guldenrechnung 1 fl = 20 stü = 200 wi). 1825 in Emden: 1 tlr = 54 stü = 540 wi. Ab 1841 galt die Währung des Königreichs Hannover. Die Rechnung mit Stübern wurde damals aufgehoben.

e) Fürstentum Schaumburg-Lippe. 16. Jh.: 1 mk = 12 ß = 144 d. 17. Jh. bis 1837: 1 ktl = 24 ggr (sp. auch 36 mgr) = 288 d (später 432 gsl). 1837–1875: 1 ptl = 30 sgr = 360 d. Das Land ist kein Mitglied der Dresdener Konvention geworden. ReM: 1 Spezies-tlr = 1 1/3 tlr = 2 fl = 32 ggr = 48 mgr = 96 mtr = 384 d.[5]

---

4 Siehe Literaturverzeichnis A 38.
5 Ebd.

04. Raum Westfalen

a) Die preußische Provinz Westfalen (etwa das frühere Oberbistum Münster). Bistum und Hochstift Münster: 1704/1803: 1 rtl/ktl = 8 Blamüser = 36 mgr (oder 28 ß) = 432 d. Bistum Paderborn: 1653: 1 rtl = 28 ß (auch 1 rtl = 36 mgr = 432 d). Bistum Minden: 1576: 1 rtl = 9 mk = 24 Fürstengroschen = 36 mgr = 72 mtr = 108 ß = 432 gsl = 1296 d; 1622: 1 rtl = 36 mgr = 72 mtr = 288 d. Ab 1821 galt im ganzen Gebiet der Provinz Westfalen die preußische Währung 1 ptl = 30 sgr = 360 d.

d) Grafschaft/Fürstentum Lippe-Detmold. Eine feste Landeswährung gab es erst ab 1636. So rechnete man bei landesherrlichen Abgaben 1555: 1 tlr = 36 mgr = 108 Körtlinge = 432 gsl; 1572: 1 fl = 15 mk = 40 mgr; 1620: 1 rtl = 42 alte mgr (oder 63 Fürstengroschen, der zu jener Zeit ständig verfiel); ab 1636 bis 30. 12. 1846: 1 rtl/tlr = 36 mgr = 216 d = 532 gsl oder he; ab 1.1.1847 bis zum 31.12.1875: 1 tlr = 30 sgr = 360 d; ab 1. 1. 1876 galt nur noch die Reichswährung. (In Zeitungs-Annoncen mit Preisangabe wurde diese neue Währung schon vorher neben dem alten Geldsystem genannt)

05. Raum Rhein-Moselgebiet.

a) Die preußische Rheinprovinz (einschl. Jülich-Berg). Köln: 16. Jh.: 1 fl = 4 mk = 24 alb = 72 he; 1660: 1 rtl = 2 clev. tlr = 60 stü = 480 Deut; 18. Jh./1810: 1 ktl (ReE) = 8 ß = 30 Räderalbus = 48 mgr (od. 60 clev. stü) = 80 köln.alb = 90 xr. Cleve, Jülich-Berg: 1739: 1 rtl = 3 fl = 60 stü = 480 Deut; im Rechnungswesen 1 fl = 3 ß = 24 stü; 19. Jh.: 1 ktl = 60 stü = 240 Ort = 720 d. Elberfeld: bis 1823: 1 rtl = 60 stü = 240 d (Füchse) = 960 he[6]. Im Jahr 1765 galt in Köln 1 Konv.fl = 40 stü.

b) Der oldenburgische Teil Birkenfeld. Vor 1838 wie Oldenburg (s.d.); ab 1838: 1 ptl = 30 sgr = 360 d.

c) Das sachsen-coburgische Fürstentum Lichtenberg. Vor 1834: 1 tlr = $1^1/_5$ fl = 18 schwere od. $22^1/_2$ leichte ba; ab 1834: 1 ptl = 30 sgr = 360 d.

06. Raum Hessen

In diesem Gebiet bestanden bis in das 19. Jahrhundert hinein die kompliziertesten Geldverhältnisse. Durch die dort befindlichen hessischen Länder lief die Grenze zwischen dem süddeutschen Gulden- und dem norddeutschen Talergebiet.

a) Kurfürstentum Hessen(-Kassel). Bis 1833: 1 tlr = 32 alb = 384 he; ab 1834: 1 tlr = 24 ggr = 192 d; 1841 Beitritt zur Dresdener Konvention: 1 tlr = 30 sgr = 360 he.

b) Großherzogtum Hessen(-Darmstadt). 1800/1875: 1 fl = 60 xr = 240 d.

c) Herzogtum Nassau. Vor 1752: 1 rtl = 90 xr = 360 he; 1757: 1 fl = 60 xr = 240 he; 1817: 1 Kronen-tlr = 100 xr; 1838 Beitritt zur Dresdener Konvention: 1 fl = 60 xr = 240 d; 1876: Übernahme der Reichswährung.

6 Ebd.

d) Reichsstadt Frankfurt/Main. 1704/1835: 1 rtl = 90 xr = 360 d, doch lt. Zedlers Lexikon 1739 auch: 1 rtl = $1^1/_2$ fl = $22^1/_2$ ba = 30 kgr = 45 alb (od. wd) = 74 fingiert Wechselkreuzer (od. 90 xr kurant); ferner 1 fl = 15 ba = (20 ß od. gr.) = 30 alb (od. wd) = (45 Petermännchen) = 60 xr; schließlich 1 Philipps- oder Königstlr = 5 Kopfstücke = 100 xr kurant; nach 1753: 1 fl = 30 frankf. alb = 240 he; 1850: 1 fl = 60 xr = 240 he (od. d); 1 tlr = 90 xr = 360 he.

e) Fürstentum Waldeck. Um 1800: 1 tlr = 36 mgr = 288 d; 1813 versuchsweise: 1 Kronentlr = 100 xr; 1818 wie Preußen: 1 rtl = 24 ggr = 288 d; ab 30. 7. 1838: 1 Doppeltaler = 60 sgr = 720 d; 1841–1871: 1 ptl = 30 sgr = 360 d.

07. Raum Südwest

a) Großherzogtum Baden. 1754/1793: 1 fl = 60 xr = 240 he; 1793/1837: 1 Kronen-tlr = 100 xr = 400 he (lt. Allgemeiner Deutscher Real-Encyclopädie von 1835 war die Hauptmünze noch 1 fl = 60 xr); 1837/1874: 1 fl = 60 xr = 240 he.

b) Die bayrische Rheinpfalz. 1739 galt Reichsmünze: 1 rtl = $1^1/_2$ fl = $4^1/_2$ Kopfstücke = 6 Orts-fl = 30 ß (od. kgr) = 90 xr = 360 he.

c) Herzogtum/Königreich Württemberg. 1524: 1 tlr = 72 xr = 202 d; 1559: 1 fl = 60 xr = 168 d; 1582: 1 fl = 15 ba = 60 xr = 240 d = 480 he; 1600: 1 fl = 64 xr = 256 d; 1630: 1 rtl = 90 xr (auch 1 fl = 80 xr = 320 d); 1738 neue Regelung: 1 rtl = 2 fl = 120 xr = 480 d; 1835 bis 5. 3. 1875: 1 fl = 60 xr = 240 d; ab 1875 Reichswährung.

d) Fürstentum Hohenzollern. 1850: 1 fl = 60 xr = 240 d.

08. Raum Süd

Dieser Raum umschließt ausschließlich das Königreich Bayern.

Allgemein: 1739: 1 fl = 15 ba = 60 xr = 240 d = 480 he; 1825: 1 fl = 60 xr = 240 d. Bamberg u. Bayreuth: bis 18. Jh.: 1 fränk. fl = 15 schwere ba = 75 xr = 255 d. Coburg: siehe Raum Mitte (bei den Thüringischen Staaten). Franken: bis 18. Jh.: 1 fränk. fl. = 90 xr = 360 d (oder = 20 ggr = 250 d, bzw. = 21 schlechte gr = 252 d). Nürnberg: 1704: 1 rtl = 90 xr = 360 he. Würzburg: bis 1821: 1 fränk. fl. = 28 ß = 252 d; 1825: 1 fränk. fl = 75 xr = 300 d. Rheinpfalz: *siehe Raum Südwest.*

09. Raum Mitte

a) Königreich Sachsen. 1704/1739: 1 duk = 4 fl = 96 ggr = 1152 d = 2304 he; 1764/1800: 1 ktl = 24 ggr = 288 d; 1835 sagt die Allgemeine Deutsche Real-Enzyklopädie: Wo in Sachsen der Gulden noch gebräuchlich, hat er: 1 fl = 16 gr = 192 d, und einige Zeilen weiter: 1 rtl = 24 gr = 288 d. Demnach dürfte das Gesamtsystem sein: 1 ktl = $1^1/_3$ fl = 24 ggr = 288 d; ab 1. 1. 1841 allgemein: 1 tlr = 30 ngr = 300 d. Meißen: 18. Jh.: 1 fl (ReM) = 21 gr.

b) Die thüringischen Staaten. 1. Herzogtum Sachsen-Coburg-Gotha: 1817: 1 Rechn.-tlr = $1^1/_5$ fl = 19 schwere od. 22 $^1/_2$ leichte ba. Gebiet Gotha: 1825: 1 tlr = 24 ggr = 288 d; ab 1838: 1 ptl = 30 gr = 300 d. Gebiet Coburg: 1857: 1 fl = 60 xr = 240 d = 400 he; 2 Vereins-tlr = $3^1/_2$ fl.
2. Herzogtum Sachsen-Meiningen: bis Ende 1874: 1 fl = 60 xr = 240 d = 480 he.
3. Großherzogtum Sachsen(-Weimar): bis 1840: 1 ktl = 36 gr = 288 d; 1840/1874: 1 ptl = 30 sgr = 360 d.
4. Herzogtum Sachsen-Altenburg: Währungssystem wie das Königreich Sachsen. Außerdem im östlichen Thüringen: 1 meißn. fl. = 21 ggr = 252 d.
5. Herzogtum Sachsen-Hildburghausen: 1817: 1 fl = 15 ba = 255 d; daneben existieren drei weitere Systeme: 1 fl = 20 ggr = 240 d, 1 fl = 21 leichte gr = 252 d und 1 fl = 20 ß = 252 d.
6. Fürstentümer Reuß (mit d. Herrschaft Gera): seit 1763: 1 ktl = 24 ggr = 288 d; ab 1838: 1 ptl = 30 sgr = 360 d.
7. Fürstentum Schwarzburg-Rudolstadt, Oberherrschaft: bis 1815: 1 ktl = 36 mgr = 288 d; 1815/1874: 1 fl = 60 xr = 240 d = 480 he; Unterherrschaft: bis 1840: 1 ktl = 36 mgr = 288 d; ab 1841: 1 ptl = 30 gr = 360 d.
8. Fürstentum Schwarzburg-Sondershausen: 18./19. Jh.: 1 ktl. = 36 gr = 288 d; ca. 1838/1874: 1 ptl = 30 gr = 360 d.

10. Raum Ost

a) Königreich Preußen (ohne die im Westen gelegenen Gebiete).
Allgemein 1704/1821: 1 rtl = 24 ggr = 288 d; 1821/1875: 1 ptl = 30 sgr = 360 d. Schlesien: 1739: 1 rtl (ReM) = 24 ggr (od. 36 kgr) = 72 xr = 288 d. Breslau: 1739: 1 rtl (ReM) = 30 kgr = 45 wgr = 90 xr = 360 d. Pommern: 17. Jh.: Damals gab es zwei abweichende Währungen: a) Die Stettiner um 1670, die der lübischen Währung ähnelte. Dabei entsprachen 11 stett. ß = 15 lüb. ß. b) Die Sundische Währung. Sie hatte in Stralsund Bedeutung. Während ein Speziestaler für 3 lüb. Mark zu haben war, mußte man 4 sundische Mark dafür aufbringen. 1 sund. ß entsprach im Wert $^1/_2$ lüb. ß. 1704: 1 rtl = 30 Stempfel = 90 ß; Stralsund: 1825: 1 rtl = 48 ß = 576 d; die Stadtgerichte rechneten: 1 fl = 24 ß = 288 d. (Auch sind hier schwedische Geldsysteme zu beachten, die unberücksichtigt geblieben sind.)
Provinzen West- und Ostpreußen. Königsberg und Danzig 1704: 1 rtl = 3 poln. fl. = 90 poln. gr = 1620 d. Danzig 1739: 1 rtl = 3 poln. fl. = 5 Ort = 60 Brummer (od. Rechnung nach polnischer Währung 1 rtl. = 3 Pölcher = 90 gr = 180 Polchen = 270 ß); im Rechnungswesen 1 ReM = 20 gr = 360 d; bis 1825: 1 tlr = 3 fl = $4^1/_2$ mk = 90 gr = 270 ß; 1825: 1 duk = 4 ptl = 12 fl = 360 gr = 1080 ß = 6480 d. Königsberg: 1825: 1 rtl = 3 fl = 90 poln. gr = 270 ß = 1260 d. Ostpreußen[7]: 1 ptl = 3 preuß. fl = 30 sgr = 90 kleine oder preuß. gr = 270 kupf. ß = 360 d (od. 1620) alte preuß. d). 1850: 1 fl = 10 sgr = 120 d.

7 Siehe Literaturverzeichnis A 38.

b) Herzogzum Anhalt. Ab ca. 1763: 1 ktl = 36 mgr = 288 d. 1829: 1 ptl = 24 ggr = 288 d. 1840 Beitritt zur Dresdener Konvention: 1 ptl = 30 sgr = 360 d.

5. Die Währungen in den benachbarten Ländern

Dänemark: 1825: 1 Rigsdaler = 6 dän.mk = 96 dän.ß = 1152 d.

Frankreich: 1825: 1 franz. Franc = 100 Centimes.

Niederlande: 1825: 1 fläm. Pfund = 2,4 tlr = 6 holl. fl. = 20 fläm. ß = 120 stü = 240 fläm. oder 1920 holl. d.

Österreich: 1739: 1 rtl = 1,5 fl = 30 kgr = 90 xr. 1754–1857: 1 fl = 60 xr = 240 d. 1858–1893: 1 österr. fl = 100 neue xr. Böhmen: 1739: 1 rtl = 30 kgr = 150 Gröschel = 375 d; 1 ztl = 24 kgr = 120 Gröschel = 300 d.

Polen: 1825: 1 poln. rtl = 6 poln fl = 180 poln. gr = 3240 d.

Schweiz (deutschsprach. Teil): ca. 1657: 1 Elfschilliger = 4 ba = 8 Beemsch; 1739/1825: 1 fl = 15 ba = 40 ß = 60 xr = 240 d = 480 he; ab 1841: 1 schweiz. Franc = 100 Centimes (sp. Rappen). Basel: 1825: 1 fl = 60 xr = 240 d = 480 he, aber auch 1 Pfund = 10 Duplex = 20 Blaffert (ß) = 240 d. Bern, Zürich: 1739: 1 fl = 16 gr. St. Gallen: 1739: 1 fl = 60 xr (im Rechnungswesen).

6. Die ehemaligen Geldsorten

In dem folgenden Verzeichnis findet der Benutzer eine Auswahl von Bezeichnungen früherer Geldstücke mit einer kurzen Einordnung nach Raum und Zeit. Gegebenenfalls habe ich den zeitgenössischen Wert des Stückes in dem zutreffenden Währungssystem nennen können. In vielen Fällen konnte ich anmerken, ob es sich um eine Gold- oder Silbermünze gehandelt hat. Dem Zweck dieser Schrift entsprechend habe ich weitere numismatische Hinweise fortgelassen. Außerdem sind Namen solcher Geldstücke nicht aufgenommen worden, die in amtlichen oder offiziellen Überlieferungen – zumindest ohne Erläuterung – kaum erscheinen dürften.

A

Achtehalber: SiM Brandenburg 7-Groschenstück

Achteltaler: SchM 3-Groschenstück

Achtheller: SchM Hessen 4-Groschenstück

Achtlich: SchM (15. Jh.) 8-Pfennigstück

Achtzehner (Timpfgulden, Tympf): Preußen (18. Jh.) 1/2-Talerstück

Achtzehnpfenniger: SchM Lübeck (17. Jhg.) 1 1/2-Groschenstück

Achtzerlein: *siehe Spitzgroschen*

Albertiner (Albertustaler): SiM Niederl. Sorte (s. 1598), auch in Preußen (1767) gängiges Geld. 2. a. Andreastaler gen. Braunschweig (1747)

Albus: SchM versch. Wertes. Rheinl. (18. Jh.) 12 Heller; Hessen (18. Jh.) 3 Gute Groschen; Frankfurt (17. Jh.) 2 Kreuzer

Alexanderd'or (anf. **Eberhardd'or):** GoM Württemberg 10-Guldenstück

Alexiusd'or (spät. Karld'or): *siehe Pistole*

Almosengroschen: SchM Schlesien (17. Jh.) 3-Gröschelstück

Andreas(kreuz)taler: *siehe Albertiner*

Angster (Pfaffenpfennig): SchM Schweiz etwa 1-Pfennigstück

Annengroschen: SchM Braunschweig, Hannover, Hildesheim (Anf. 16. Jh.)

Apfelgroschen: *siehe Fürstengroschen*

Auferstehungstaler: *siehe Triumphtaler*

Augustd'or: GoM Sachsen (18. Jh. bis 1841) 1 Pistole = 5 Reichstaler

B

Bärentaler: SiM Schweiz (ab 1723) auch in SDtl in Umlauf

Banco-Mark: *siehe Mark-Banco*

Banco-Taler: SiM Preußen (1765)

Bank-Portugalöser: *siehe Portugaleser*

Bartgroschen: *siehe Judenkopfgroschen*

Batzen: SchM groschenartige Sorte aus Bern (s. 15. Jh.), sp. in Franken und Schwaben in Umlauf. 1 grober ~ = 5, 1 leichter ~ = 4 Kreuzer. Reichsgeld (s. 15. Jh.) 4 Kreuzer

Bauschen: *siehe Buschen*

Bettlertaler (Martintaler): SiM Mainz, Schwarzburg (16./17. Jh.)

Beutgroschen: SchM Hessen, Sachsen (seit 1542)

Bingen (Metzblenklin): SchM (um 1551)

Blänklin: *siehe Blanken*

Blaffert (Blappert, Plappart, Plappert): Köln (1741) 4-Albusstück

Blamüser (Blaumösder; Blaumüser): SchM Bistum Münster (1803) 4 1/2-Mariengroschenstück

Blanken (Blänklin): SchM Rheinland (16. Jh.) 5 Kreuzer

Blappart: *siehe Blaffert*

Blare: *siehe Batzen*

Blaumöser: *siehe Blamüser*

Blötzchen (Blötzlein): SchM Ansbach 16. Jh.) $^{1}/_{36}$ Gulden

Blutzger: SchM Chur/Schweiz (16./18. Jh.) Urspr. 1 Batzen, nach 1807 $^{1}/_{6}$ Batzen

Bockspfennig: SchM Schweiz 2-Hellerstück

Bockstaler (Schaffhauser Taler): Schweiz, auch in Deutschland in Umlauf (um 1600)

Böhm: Schlesien Name f. 1 Groschen

Brabanter Taler: *siehe Albertiner*

Brandtaler: a. *Thorn* (1629)

Breitgroschen: a. *Schirmer* gen. SiM Raum Thüringen MG: $^{1}/_{60}$ Pfd.

Bremsentaler (Brömsentaler): SiM Lübeck (16. Jh.)

Brillentaler: SiM Braunschweig-Lüneburg (16. Jh.)

Bromberger: *siehe Dreipölker*

Brückenpfennig: Sachsen (15. Jh.) 4-Pfennigstück

Brummer: SchM Preußen (1739/41) 6-Pfennigstück

Bürgergulden: SchM Nürnberg (1744) 80 xr.

Burgundertaler: *siehe Albertiner*

Burkrosen: SchM Braunschweig (um 1500) 8-Pfennig

Buschen (Bauschen): SchM Aachen (18. Jh.) 4-Hellerstück

C

Carld'or (Schild-Louisd'or): GoM Braunschweig-Wolfenbüttel (18. Jh. 5–6 tlr.

Caroliner (Carlolind'or): Baden, Bayern, Württemberg, Hessen GoM (18. Jh.) um 10 fl

Carolustaler: SiM Aachen (16. Jh.)

Christiand'or: GoM a. Dänemark. Schlesw.-Holstein (19. Jh.) 5 tlr

Christophstaler: SiM Württemberg (17. Jh.)

Ciffert: SchM Ostfriesland (16. Jh.) 5-Wittenstück.

Conventionsgulden: SiM SDtl. (18. Jh.) 0,572 rtl.

Coselgulden: SiM Sachsen (um 1708) $^{2}/_{3}$-Talerstück

Crone: *siehe Écu (de change)*

Crucifixtaler: SiM Münster (1659)

D

Dahlin: *siehe Dolchen*

Danielstaler: SiM Jeverland (16. Jh.)

Deut: a. d. Niederlanden. Kleve (1739), Rheinland (1800) Name für den Pfennig.

Dicken (Dicker Plappert): Schweiz, SDtl. (16. Jh.) $^{1}/_{4}$-Talerstück

Dickgroschen: = Groschen

Dicktaler: *siehe Speziestaler*

Dimpf: *siehe Achtzehner*

Doblon: GoM a. Spanien (1810/14 in Deutschland gut 5 tlr wert)

Dölchlin: *siehe Dolchen*

Döttken: *siehe Dütgen*

Dolchen (Dahlin, Dölchlin): a. Lothringen 1 od. $^{1}/_{2}$-Groschenstück

Doppelchen (Halbkreuzer): Trier (18. Jh.) 2-Pfennigstück

Doppelengel: *siehe Engelgroschen*

Doppelschilling: SchM Bremen (1629) 3-Grotenstück

Doppelsechser: allgemein für ein 12-Kreuzerstück

Doppior: GoM Kurpfalz (1748) 5 rtl

Dornenkranztaler (Dornkronentaler): Jeverland (16. Jh.)

Dreeling: *siehe Ternarius*

Dreibätzner (Zwölfer): ein 12-Kreuzerstück

Dreier: allg. ein 3-Pfennigstück; Schlesien (1739) 2-Pfennigstück

Dreifachtaler: *siehe Neidtaler*

Dreifaltigkeitstaler: SiM Reuß (1679)

Dreigröscher: 1. *siehe Düttchen*; 2. Poln./preuß. 3-Grochenstück

Dreikaisertaler: SiM Reichsgeld (16. Jh.)

Dreikönigstaler: *siehe Ursulataler*

Dreikreuzer (Landgroschen, Kaisergroschen): Österreich (16. Jh.) Groschenstück

Dreimattier: SchM Minden (1594) Reichsgroschen; (17. Jh.) = Mariengroschen

Dreiling (Dreiheller): Niedersachsen (18. Jh.) 3-Pfennigstück

Dreipölker (Brummer; Bromberger): Preußen (16./17. Jh.) 3-Pfennigstück

Dreißigkreuzer: Österreich (17./19. Jh.) $^{1}/_{2}$-Guldenstück

Drittelstück: SchM NDtl. 12-Mariengroschenstück

Dritthalber: NDtl. $2^{1}/_{2}$-Pfennigstück; SDtl. $2^{1}/_{2}$-Kreuzerstück

Dublone: a. Spanien (16./17. Jh.) GoM 3–4 Gulden wert. Vgl. auch *Doblon*

Ducaton: SiM a. d. Niederlanden. (1810/1815 a. in Deutschland) etwa = 1 tlr.

Düttchen (Dütgen): SchM Bremen, Lübeck, Preußen (18. Jh.) $^{1}/_{4}$-Talerstück; Danzig 3 ß lübisch

Dukat: GoM deutsches Handelsgeld (16./19. Jh.) etwa $2^{1}/_{2}$–3 rtl wert

Duplex: SchM Basel (18. Jh.) 12-Rappenstück

E

Eberhardd'or: *siehe Alexanderd'or*

Écu (de change): a. *Laubtaler* gen. a. Frankreich. In Deutschland im Umlauf (1640–1803) ca. 1 rtl

Eintrachtstaler: SiM Baden, Sachsen, Braunschweig (16./17. Jh.)

Einundzwanziger: Reichsgroschen mit der eingeprägten Zahl 21

Elfschilliger: SchM Schweiz (ca. 1657) 11-Schilling

Elisabether: *siehe Hessenalbus*

Engelgroschen (Mühlpfennig, Mühlstein, Schreckenberger): SchM Sachsen (ab 1497 bis 16. Jh.)

Engelstetter: SchM Rheinland (15./16. Jh.)

Engeltaler: SiM Sachsen (1620/23)

Etschknacken: SchM SDtl. (16. Jh.) ca. $^{1}/_{2}$ Batzen

Etschkreuzer: SchM Tirol (15./16. Jh.) 1 Kreuzerstück

Etschvierer: Tirol SchM (16. Jh.) 4-Kreuzerstück

Eulendukat: GoM Böhmen (18. Jh.)

Eulentaler: SiM Ostfriesland (1564)

Eutiner: SchM Holstein 6-Schillingstück

F

Falkentaler (Falkendukat): SiM Ansbach (1750)

Federtaler: *siehe Laubtaler*

Ferdonum (Ferto): *siehe Vierd(t)ing*

Fettmännchen (Fettmängel): Rheinland (17. Jh.) 6 und 8-Hellerstücke

Finkenauge (Vienkenoge, Okelpfennig): Mecklenburg 1-Pfennigstück

Fircken (Firk): Pommern 1 Pfennigstück; Danzig (1739) $1^{1}/_{2}$ Pfennig

Fischchen: SchM Lothringen etwa (1735) 1/6 Taler

Fledermaus: 1. *siehe Gröschel.* 2. Spottname f. Schaumburger kleine Münze

Flinder(ke): SchM (a. *Flindert*) Ostfriesland (16. Jh.) 3-Stübermünze; Bremen 4-Grotestück

Flin(d)rich: SchM Bremen 4-Grotestück

Florin: *siehe Gulden*

Friedrichsd'or: GoM Preußen (18./19. Jh.) 5 tlr; Württemberg (um 1800) 11 fl; a. Dänemark. Schleswig-Holstein (19. Jh.) 4-5 tlr.

Fünfbätzner: SchM Schweiz 5-Batzenstück

Fünfer: SchM Bamberg 5-Kreuzerstück; Preußen u. Sachsen 2-Groschenstück; Schweiz (16. Jh.) 5-Kreuzerstück

Fünfkönigstaler: SiM Preußen (1801)

Fünfzerlein: *siehe Spitzgroschen*

Fürstengroschen (Löwengroschen): Thür. Geldstück des 14. Jh.; ähnlich der Meißener neue ~ des 15. Jh.; im 16./17. Jh. hießen die ~ auch Apfelgroschen. Hier handelt es sich um 1/24-Talerstücke mit dem Reichsapfel und der Wertzahl 24. Er verlor immer mehr an Wert und war in den 1620er Jahren so gut wie außer Kurs. Aus ihm wurde später der Gutegroschen.

Fürstenhut: *siehe Krone*

G

Geburtstagstaler: SiM Braunschweig-Lüneburg (17. Jh.) ein Mehrfachtaler

Gemeinschaftsgroschen: SchM Sachsen (bis 15. Jh.)

Georged'or: GoM Hannover (1821) 5 tlr

Georgstaler: SiM Mansfeld (17. Jh.)

Glockentaler: SiM Braunschweig-Wolfenbüttel (17. Jh.)

Gnacke: SchM Hessen 6-Hellerstück

Göldengroschen: *siehe Burkrosen*

Görtling: *siehe Körtling*

Gößchen: *siehe Jöster*

Goldgulden: 1. GoM Österreich (15./16. Jh.) 2. a. *Gülden* gen. In Deutschland allgemein verbreitet ab 14. Jh., bis zum 17. Jh. noch geprägt. Wurde vom Dukaten verdrängt. Blieb im Umlauf mit einem Wert von ca. 2 rtl. — In der Grafsch. Lippe-Detmold im 18. u. 19. Jh. als Rechnungseinheit bei Geldstrafen angeführt. Wert nachgewiesen: Kfstm. Hannover (18./19. Jh.) ca. 2 rtl; Nürnberg (1810/15) ca. 2 fl; Rheinland (1810/1815) ca. 2 rtl; Württemberg (1559–1738) ca. 3 fl.

Goldkrone: Französ. Geldstück, 1810/15 in Deutschland im Umlauf, Wert ca. 2 rtl

Goldseßling: in Hamburg um 1675 mit dem Kurswert »1/4 Dukat« erwähnt

Goldtaler: Bremische Rechnungsmünze (18./19. Jh.)

Gosler (Goßler): SchM Urspr. in Goslar geprägt, noch im 18. Jh. erwähnt. Er entsprach damals in Lippe-Bückeburg einem Pfennig, in Lippe-Detmold einem Heller

Gottesfreundtaler: *siehe Pfaffen(feind)-taler*

Gröschel (Greschl, Fledermaus): SchM Böhmen, Schlesien (18. Jh.) 1/4-Groschenstück

Grötling: *siehe Körtling*

Groschen: Der ~ ist eine SchM und die am meisten in Deutschland geprägte Geldsorte. Er hat sich von Mitteldeutschland nach Norden und Westen verbreitet. Meistens war er unterteilt in 12 oder 8 Pfennige. In der Grafschaft Lippe-Detmold allein machten 6 Pfennig einen Mariengroschen.

Grote (pl. Groten): SchM in Bremen und Oldenburg (bis zur Reichswährung). Er ist a. Groot od. Grotjen genannt.

Gülden: 1. *siehe Gulden, Goldgulden;* 2. Rechnungsmünze in Sachsen.

Güldengroschen: Frankfurt (1739) 16 Batzen

Güldentaler (Guldentaler): SiM 1. Reichsgulden; 2. Württemberg (1582 - 17. Jh.)

Gulden: 1. Die ersten Silber~ in Deutschland waren die ~groschen. Dafür setzte sich langsam der Name »Taler« durch. Die gewöhnlichste ältere Einteilung ist die in 15 Batzen oder 16 Kreuzer. 2. Deutsche SiM seit dem 15. Jahrhundert, in Österreich seit dem 16. Jahrhundert. Er heißt auch Kaiser~, Reichs~, Rhein~, Konventions~ und Floren (Florin). 3. Volkstümliche Bezeichnung eines $^{2}/_{3}$-Talerstücks (24-Groschenstück) im 18. Jahrhundert. 4. Leitwährung in den Staaten des Süddeutschen Münzvereins seit 1754. 5. Österreichische Kurantmünze (neuer fl) 1857–1893. 6. Im 17. bis 19. Jahrhundert als Rechnungsmünze bei Geldstrafen erwähnt.

Guldener: SiM (1524) etwa mit einem Taler zu vergleichen.

Guldentaler: SiM Württemberg (1582–17. Jh.)

Gutegroschen: SchM NDtl. (s. 17 Jh.) $^{1}/_{24}$ rtl.

H

Hälbling: *siehe Helbling*

Händelpfennig (Händleinsheller): SchM Deutschland (14./16. Jh.)

Hahnköpfchen: *siehe Scherf*

Halbkreuzer: *siehe Doppelchen*

Halbler: *siehe Helbling*

Haller: *siehe Heller*

Hausknechttaler: Spottname für *Wildemannstaler*

Heilandstaler: SiM Jever (16. Jh.)

Heinrichslöser: *siehe Juliuslöser*

Helbling (Hälbling, Helbing, Helfling, Halbler): 16. Jh. $^{1}/_{2}$-Pfennigstück

Heller (Haller): meistens 1-Pfennigstück in Lippe-Detmold (18./19. Jh.). $^{1}/_{2}$-Pfennigstück

Herrengülden: SiM Köln vollw. $^{1}/_{2}$-Speziestaler.

Hessenalbus: SchM Hessen (seit 16. Jh.) gebräuchl. Albus = 1 Groschen

Heymännchen: in Ostfriesland üblicher Spottname (1761) f. d. preuß. Mariengroschen

Hirschgulden: SiM Württemberg (ca. 1630) $^{2}/_{3}$-Talerstück, 10-Kreuzerstück

Horngroschen (Hohe-, Hohl-, Zinsgroschen): Sachsen (ab 1465) 1-Groschenstück

Hornken: SchM Ostfriesland (16./18. Jh.) $^{1}/_{2}$-Guldenstück

Hubertustaler: SiM Pfalz (Anf. 17. Jh.)

I, J

Interimstaler: SiM Magdeburg (1548)

Jager: *siehe Schaap*

Jakobstaler: SiM Braunschweig-Wolfenbüttel (1633/34)

Joachimstaler (Jochen-, Löwern-, Schlakken-, Schlickentaler): SiM Der alte Guldengroschen erhielt (1518) diesen Namen nach der Stadt Joachimsthal.

Jöster (Gößchen): SchM West- und NDtl. $^{1}/_{2}$-Groschenstück

Johannesgroschen: SchM Schlesien (16. Jh.) 1-Groschenstück

Judenhut (Judenkopf, Zwenterling, »Bärtiger Groschen«): SchM Sachsen (ab 1444) 1 Groschen

Judenkopfgroschen: SchM Meißen (16. Jh.) 1 Groschen

Judenpfennig: Prägungen privater Hersteller in Frankfurt (19. Jh.)

Juliuslöser (Löser(taler), Heinrichstaler): SiM Braunschweig-Lüneburg (1568/69) ein Mehrfachtalerstück

K

Kaisergroschen: *siehe Dreikreuzer*

Kaiserkreuzer: SchM Österreich (17. Jh.) 3 gute Pfennige

Kammerherrentaler: SiM Preußen (1816/17) Volkstüml. Bez.

Kassengeld: Währungsbegriff f. Hannover (18. Jh.). Geldsorten, die von der Landkasse anzunehmen waren.

Kassentaler: 1. SiM Hannover (1801). 2. Hztm. Berg (1802/7) im Wert von nur 21 gr.

Katharinengroschen: SchM Sachsen (15. Jh.) Groschenstück

Kattersink: Böhmen (1550) 1-Kreuzerstück

Kaufmannstaler: Hamburg (18. Jh.). Im Gegensatz zum Banco-Taler gebraucht (um 1800) Etwa $^1/_2$ rtl wert. (vgl. Mark Banco)

Klappmützentaler: SiM Sachsen (16. Jh.)

Knacken: SchM Allgemein (16. Jh.) 6-Weißpfennigstück

Knackkuchen (Knapkoeken): Geringhaltige GoM. Ostfriesland (18. Jh.). Wert: 2 rtl

Kenstetter: *siehe Eulentaler*

Königsberger: *siehe Achtzehner*

Königstaler: deutscher Name für versch. niederl. Stücke (Ende 16. Jh.)

Körtling (Görtling, Sechsling): SchM Hansegebiet (15./16. Jh.), Würzburg (18. Jh.) 3-oder 6-Pfennigstück

Kometentaler: SiM Gedenkmünze der Stadt Straßburg (1680)

Konventionstaler (Conventionstaler): SiM ein nach d. Konvention von 1753 gepr. Stück. In Deutschland bis 1874 gültig. In Württemberg (1755) gut 2 fl wert.

Kopfstück: 1. Reichsgeld (16. Jh.) 15 Batzen; 2. Bremen (1659/72) 12-Grotenstück; SDtl (18. Jh.) 20 bzw. 24-Kreuzerstück (Konventionsgeld); Lippe-Detmold (1620)

Koselgulden: *siehe Coselgulden*

Kreisgroschen: SchM Sachsen (um 1660) $^1/_{24}$ rtl.

Kreuzdukat: Württemberg (1582/1620) Wert zwischen 100 und 148 Kreuzern

Kreuzer: SchM vornehml. SDt. (1739) 4 Pfennig; (19. Jh.) $^1/_{60}$ Gulden

Kreuzgroschen: Urspr. Meißner Groschen. In neuerer Zeit ein von der Stadt Stralsund (1611/1615) gepr. Stück Wert 1 lüb. Doppelschilling

Kreuzpfennig: Hannover (um 1500) 1-Pfennigstück

Kreuztaler: Häufig verwendeter Beiname des *Albertustaler* (s. d.); Bistum Münster (1659) SiM

Kriegsaugustd'or: *siehe Augustd'or*

Krone: 1. *siehe Krontaler;* 2. GoM des Deutschen Bundes mit schwankendem Kurswert. Sie löste den Dukat als Handelsmünze ab, konnte sich aber nicht durchsetzen; 3. Offizieller Name des Zehn-Markstückes des Deutschen Reiches nach 1871.

Kronentaler: Niederl. Geldstück, das vom ersten Koalitionskrieg an in Massen nach Süd- und Westdeutschland einströmte, den Konventionsgulden verdrängte und zur Hauptsilbermünze wurde. Es entstand das Wertverhältnis 1~ = 100 Kreuzer

Kronprinzentaler: SiM Preußen (1812)

Krontaler (Krone, Silberkrone): 1. Baden, Bayern (Anf. 19. Jh.) Wert ca. 1–2 fl *(siehe Kronentaler)*

Krückentaler: SiM Österr. (um 1630)

Krummsteert: Ostfriesland (18. Jh.) $1^3/_4$ Stüber

Kupferkortling: Lippe-Detmold (1620) $^1/_2$-Pfennigstück

Kuranttaler: nicht ausgeprägter Rechnungstaler im Rheinland (17. Jh.) Rechnungswert: 78 Albus

L

Landgroschen: *siehe Dreikreuzer*

Landmünze: Kleinmünzennominale vieler deutscher Staaten (17./19. Jh.), die nicht der Reichsmünzordnung entsprachen und nur im Ausgabegebiet galten (z. B. Stadtgeld)

Landsberger: *siehe Schildgroschen*

Laubtaler (Lorbeer-, Federtaler): Deutscher Name des französ. Écu aux lauriers, der im 18. Jh. im Deutschen Reich in großer Menge kursierte. War in SDtl. als Handelsmünze verbreitet. Wert ca. 1-1,5 rtl.

Leopolder (Leopoldiner): SchM Kärnten (16. Jh.) 4-Kreuzerstück

Levantetaler (Levantiner): Sammelbegriff für europ. Talerstücke, die im Handel mit der Levante sehr beliebt waren. Eine Handelsmünze.

Lichttaler: SiM Braunschweig-Lüneburg (spät. 16. Jh.)

Liliengülden: GoM Lübeck (14. Jh.)

Linsendukat: kl. GoM (17./18. Jh.) $^1/_{32}$-Dukatenstück

Lisboine: *siehe Portugaleser*

Locumentenstaler: SiM Sachsen (17. Jh.)

Löser(taler): *siehe Juliuslöser*

Löwengroschen: *siehe Fürstengroschen*

Löwentaler: *siehe Joachimstaler*

Lorbeertaler: *siehe Laubtaler*

Louisd'or: 1. Modische GoM aus Frankreich, in Deutschland verbreitet (18./19. Jh.) Wert in NDtl. 3–6 rtl; in Württemberg 11 fl; 2. Grundlage der Bremer Goldwährung, dort mit einem Wert von »5 tlr Gold« und dem Namen »Pistole« in Gebrauch bis zur Einführung der Reichswährung.

Ludwigsd'or: GoM Baden 5 tlr wert

Lügentaler: SiM Braunschweig-Lüneburg (1596/97)

Luftpumpentaler: SiM Braunschweig (1702)

Luthertaler: SiM Eisleben und Wittenberg (1661 u. 1717)

M

Maleygroschen: SchM Böhmen (1739) 1-Kreuzerstück

Malschilling: SchM Rheinland (18. Jh.) 6-Stüberstück.

Margarethengroschen: SchM Meißen (16. Jh.)

Mariengroschen: In Norddeutschland (ab 16. Jahrhundert) häufig vorkommende Währungseinheit, durchweg in 12, in Osnabrück in 7, in Lippe-Detmold in 6 Pfennig unterteilt.

Maria-Theresiataler: SiM Österreich (18. Jahrhundert) eine Handelsmünze (*Levantiner*, s. d.)

Mariengulden: SchM in NDtl. (1739) übliches 20-Mariengroschenstück

Marientaler: Alle Talerstücke, auf denen die Jungfrau Maria abgebildet ist.

Mark: ursprünglich ein Gewicht, das seit dem 12. Jh. im Münzwesen das Pfund verdrängte und – $^1/_2$ Pfund schwer – die deutsche Münzgewichtseinheit bis 1857 blieb. In Deutschland war das

Pfund sehr verbreitet (siehe das Kapitel *Maße und Gewichte*).
Der Übergang von einem Gewichts- zu einem Geldbegriff war, wenn überhaupt, sehr langsam. So ist aus Geldwertvergleichen des 15. und 16. Jahrhunderts oft nicht zu erkennen, ob das eine oder andere gemeint ist.
Als Währungseinheit – also als Geldstück – habe ich die Mark für Hamburg, Lübeck und Ostfriesland gefunden, durchweg $^{1}/_{3}$ Taler entsprechend. Die dänische Mark wird in schlesw.-holst. Überlieferungen auftreten. Ihr Wert lag bei etwa 6 Groschen.

Mark Banco: Hamburger Rechnungsvaluta des Großhandels bis etwa 1873, auch *Bankmark* genannt. Es war eine fiktive Geldeinheit. Die 1619 gegründete Hamburger Handels- und Wechselbank führte alle Konten nach dieser Währung, um sich eine von den Münzwirren unabhängige, sichere Grundlage zu schaffen. Die ~ ~ entsprach dem Wert von 8,5 Gramm Silber. 1 Banko-Taler (od. Taler Banco) galt 3 ~ ~.

Martinstaler: *siehe Bettlertaler*

Mat(t)hiasgroschen (Matthier, Vierer): SchM aus Goslar (15. Jh.); $^{1}/_{2}$-Groschenstück. 1765 in NDtl. noch 2 Pfennig wert; Lippe-Detmold (16. Jh.) 3 ~ = 1 Fürstengroschen, 2 ~ = 1 Mariengroschen.

Maxd'or: GoM Bayern (18. Jh.). Anfangs überhöhter Wert: 10 fl. (19. Jh.) etwa 4 rtl oder $3^{1}/_{2}$ – 7 fl.

Merchen: *siehe Morchion*

Metzblenklin: *siehe Bingen*

Miscrippe: *siehe Dreier, Körtling*

Mittelgroschen: *siehe Muthgroschen*

Möhrchen (Mürchen): kleiner einseitig geprägter Heller vom Niederrhein (15./16. Jh.)

Mörgen: GoM Bremen (18./19. Jh.)

Morchion (Merchen, Morchen): SchM: Im Rheinland (15.-18. Jh.) gebräuchlicher Name für den Heller.

Moritzdreier: *siehe Speziesdreier*

Mosche: *siehe Mutsche*

Mückentaler (Wespentaler): SiM Braunschw.-Lüneburg (1599)

Mühlpfennig (Mühlstein): *siehe Engelgroschen*

Münchkopf (Münnich): Volkst. Ausdruck f. bayrische Pfennige (15. Jh.)

Mündner: *siehe Zwölfer*

Mürchen: *siehe Möhrchen*

Müte(r) (Myter): Westfalen, Marienfeld (16. Jh.); Lippe-Detmold (17. Jh.) $^{1}/_{3}$ Pfennig

Mützsche: *siehe Mutsche*

Muthgroschen (Mittel(zins)groschen): SchM Sachsen (seit 1480)

Mutsche (Mosche, Mützsche): SchM Hessen (15. Jh.) etwa $^{1}/_{2}$ Kreuzer

N

Näpgenheller: Sachsen (16./17. Jh.) 1 Pfennigstück

Napoleond'or: GoM (s. 1803). Die unter Napoleon I. und III., geprägten 20-Francstücke. Anfang des 19. Jh. auch in Deutschland gültige Zahlungsmittel. Wert ca. 5 rtl.

Narrentaler: GoM Braunschweig Vollw. 5-Talerstück (1624)

Negenstüver: SchM Ostfriesland $^{1}/_{6}$ tlr.

Neidtaler (Dreifachtaler): SiM Hamburg 3-Talerstück

Neues Zweidrittel: SiM 24-Mariengroschenstück

Neugroschen: *siehe Fürstengroschen*

Neuner: Hessen: 1-Albusstück; Kurpfalz: 9-Batzenstück; Osnabrück: 9 Heller od. 9 leichte Pfennige

Neutaler: SiM 1. *siehe Laubtaler*; 2. Schweiz (1796) mit Wert von 40 Batzen bzw. 4 alten Franken

O

Obolus: $^{1}/_{2}$ Pfennig

Oertchen: 3-Groschenstück; Jever $^{1}/_{4}$ Stüver

Oertgen: Ostfriesland (1790) 1-Pfennigstück

Örtli (Bock): Schweiz (17./19. Jh.) $^{1}/_{4}$ fl, 4 Batzen oder 10 ß wert

Okelpfennig: Pfennigstücke mit erhöhtem Kupferzusatz

Ordenstaler: SiM Preußen (Anf. 18. Jh.)

Ortje: Cleve $^{1}/_{4}$ Stüber

Ort(staler): $^{1}/_{4}$ Talerstück

Ortsdolchen: *siehe Dolchen*

Ortsgülden: Rechnungsmünze in Sachsen mit Wert von $^{1}/_{4}$ Gulden

Ortsgulden: Viertelgulden, Viergroschenstück (1739) Reichswährung = 5 ß

P

Papphahn: Mecklenburg (1616) Volkst. Name für ein 4-Schillingstück

Patriotentaler: *siehe Rebellentaler*

Pelikantaler: SiM Braunschweig-Lüneburg (1599)

Perückentaler: Volkstüml. Name für einen Speziestaler von 1692.

Petermännchen (Petermenger): Volkst. Name für ein 8-Pfennigstück des Erzbistums Trier; (17./18. Jh.) Rheinl. 3-Albusstück

Pfaffenpfennig: *siehe Angster*

Pfaffen(feind)taler (Gottesfreundtaler): Spottname f. einen braunschw.-lüneb. Taler (17. Jh.)

Pfennig (Denar, Pfännig, Pfenning): allg. gebräuchliche untere Währungseinheit

Pfund Flämisch: Aus Holland kommende Rechnungseinheit, im Rheinland gebräuchlich (Anf. 19. Jh.) Wert ca. $3^{1}/_{2}$ rtl. Abkürzung Lfl

Philippstaler: SiM Württemberg (1582/1620) Wert zw. 80 und 135 Kreuzer

Piaster: a. Emden. Handelsmünze f. d. Überseehandel. Urspr. Alternativ-Ausdruck für den span. Peso.

Pistole: 1. allg. (18./19. Jh.) Wert 5 tlr. 2. Bremen. Alternativname f. d. Louisd'or und Grundlage für die dortige Goldwährung.

Plappart: SchM a. Basel, auch Basler Schilling genannt; Schweiz allg. 3 Rappen; *siehe a. Blaffert*

Pletzgeld: *siehe Blötzchen*

Polchen: SchM Danzig, Königsberg (1739) 2 Pfennig

Pölchert (Pölk): SchM Ostpreußen (18. Jh.) $2^{1}/_{2}$ Pfennigstück.

Portugaleser (Portugalöser, Lisboine): Nach dem Vorbild einer portug. Münze des 16./17. Jh. in Dänemark und NDtl. geprägte $2^{1}/_{2}$, 5 und 10fache Dukatenstücke. Wert (Anf. 17. Jh.) 24 rtl. Heißt auch Bank-P.

Putschänel: *siehe Kattersink*

Q

Quadrupel (Onza de Oro): GoM aus Spanien (im 19. Jh.). In deutschen Gebieten mit ca. 20 rtl bewertet. (Häufig erwähnt in Erinnerungen deutscher Soldaten, die 1808/13 für Napoleon am span. Feldzug teilgenommen haben).

R

Rad(d)eralbus: SchM Rheinland (18. Jh.) etwa 1 Groschen

Raddergulden (Rädergulden): Rechnungsmünze Rheinland (s. 1511) $^{2}/_{3}$ rtl oder 24 Albus

Radderschilling: SchM Rheinland ca. 6 Pfennig

Raitpfennig: Österreich Rechen- oder Zahlpfennig

Rappen: *siehe Rappen(pfennig)*

Rappenbatzen: SchM Breisgau (ab 1500) 10-Rappenstück

Rappenheller: Breisgau (ab 1500) $^1/_2$ Rappen

Rappenpfennig: SchM a. *Zweiling* gen. Südwestdeutschland u. Schweiz (s. 15. Jh.) etwa = 1 Pfennig

Rappenschilling: SchM Breisgau (s. 1500) = 4 Rappen

Rappentaler: SiM Breisgau (um 1500) = 17 Batzen

Rappenvierer: SchM Breisgau (16. Jh.) = 1 Rappenschilling

Ratisponenser: SchM Regensburg 1-Pfennigstück

Ratspräsenzer: SchM Aachen (1708); Frankfurt, Köln: 4-Groschenstück

Rautenheller: kleine meißnische Hohlmünze

Rautenpfennig: SchM Sachsen (1512) 1 Pfennig

Rebellentaler (Patriotentaler): SiM Braunschweig-Lüneburg (1599)

Rechnungsmünze: Fingierte oder Idealmünzen, Geld-Rechnungseinheiten o. Rechnungsstufen, die nicht ausgeprägt, also nicht durch Geldstücke vertreten sind.

Regensburger: *siehe Ratisponenser*

Reichsalbus: *siehe Albus*

Reichsgroschen (Kaisergroschen): Österreich, ein nach dem Münzfuß v. 1559 geschlagenes Groschenstück

Reichsguldiner: Südwestdeutschland (1559) Wert: 60 Kreuzer

Reichsort: $^1/_4$-Reichstalerstück

Reichstaler: 1. *siehe Taler;* 2. SiM Riksdaler, war vor 1866 zeitw. in Schleswig-Holstein gebräuchliche dänische Währungseinheit; 3. SiM Holland (1810/15) Wert wie der deutsche ~

Rheingulden: *siehe Gulden*

Rollbatzen: Bayern (1506) Costenitz 4-Kreuzerstück

Rosenobel: GoM a. England, in Westfalen in Umlauf (1616) 4 Reichstaler

Rosenpfennig (Rosenvierer): Lippe-Detmold 1-Pfennigstück

Rubner: SchM Salzburg (16. Jh.) 1 Batzen

Ruechling: SchM (um 1500) 10 Pfennig

Ruegs-Mark: SchM Danzig (1739) 5 Gutegroschen

Ruyder: GoM aus Holland. In NDtl als Handelsmünze umlaufend ca. 7,5 Reichstaler

S

Sargpfennig: Halberstadt 16. Jh. 1-Pfennigstück

Schaap (Jager, Schäp, Schaf): Ostfriesland (16. Jh.) 2-Stüberstück

Scherf: NDtl (16. Jh.) $^1/_2$ Pfennig

Schifftaler (Reisetaler): SiM Braunschw.-Wolfenbüttel (17. Jh.)

Schild-Louisd'or: GoM a. Frankreich. Handelsmünze in Deutschl. (18./19. Jh.) Wert: 5-6 Taler

Schilling: SchM Altes deutsches Geldstück. 1739: = Kaisergroschen. Braunschweig (1739) schwerer ~ = 1 guter Groschen; Kleve (1739) knapp $^1/_3$ Gulden

Schinderling: SchM Bayern, Österreich (15. Jh.) $^1/_6$ Pfennig

Schlackentaler (Schlickentaler): *siehe Joachimstaler*

Schlesischer Taler: SiM Schlesien (16./18. Jh.) Wert 1750: $^2/_3$ Reichstaler

Schnabeltaler: SiM a. Bern (1559)

Schnapphahn: *siehe Snaphan*

Schneeberger: *siehe Spitzgroschen*

Schowelpfennig: *siehe Okelpfennig*

Schreckenberger (Engelgroschen, Mühlstein): SchM a. Sachsen (s. 1498). Im 17. Jh. ca. 3 Pfennig wert; Minden (16. Jh.) $^1/_5$ Gulden wert

Schricken: *siehe Schreckenberger*

Schwa(a)r (pl.: Schwaren): SchM Bremen u. Oldenburg ca. $^1/_5$ Groten

Schwanzdukat: *siehe Zopfdukat*

Schwarzburger: SchM 1 Heller

Schweriner: SchM Mecklenburg (ab 1763) 1 Schillingstück

Schwertgroschen: SchM Sachsen (15. Jh.)

Sechser: Allg. Name f. 6-Pfennig-, 6-Kreuzer-, 6-Batzen- u. 6 Groschenstücke je nach Region

Sechsling (Seßling, Sößling, Körtling): Volkst. Name f. 6-Pfennigstücke

Sechspfenniggroschen: *siehe Matthier*

Sechstel: Hessen (19. Jh.) 4 Gutegroschen ($^1/_6$ Taler)

Sechster: SchM Kurhessen, Paderborn 6-Hellerstück

Senioratsdukat: GoM Anhalt (1747/51) Wert: $2^1/_2$–3 Reichstaler

Seßling: *siehe Sechsling*

Severin: Deutscher Name f. die im 18. Jh. im Dt. Reich umlaufenden Souveraind'or

Siebener: SiM Österreich 17 Kreuzer

Silbergroschen: SchM Brandenburg (1626); in Preußen 1821 als Währungseinheit mit $^1/_{30}$ Taler Wert eingeführt. In d. Folgezeit v. d. norddt. Staaten übernommen.

Silberkrone: *siehe Krontaler*

Snaphan (Schnapphahn): Spottname für ein 1793 in Mainz ausgegebenes Bronzestück v. 1, 2 u. 5 Sols

Sößling: *siehe Sechsling*

Solidus: *siehe Schilling*

Sonnen-Louisd'or: GoM a. Frankr. (17./18. Jh.) Handelsmünze i. Deutschland

Sonnen-Pistole: *siehe Sonnen-Louisd'or*

Sophien-Dukat (Kinder-, Dreifaltigkeitsdukat): GoM Sachsen (1616). Bis 1872 nachgeprägt. Wert ca. 3 Taler

Souveraind'or: GoM a. d. österr. Niederlanden (17./19. Jh.) Wert (1808) in Berlin 4,5 Reichstaler; (1840/50) über 8 Taler

Souverainitätstaler: SiM Brandenburg (1657)

Speziesdreier (Moritzdreier): Sachsen (17./18. Jh.) 3-Pfennigstück

Speziestaler: SiM Vollwichtiger Silbertaler, im Wert etwas höher als der Rechnungstaler.

Spieß: *siehe Sechser*

Spitzgroschen: Sachsen (s. 1745) Bezeichnung für den Betrag von 15 Pfennig

Stockfischtaler: SiM Braunschweig-Lüneburg (1612)

Straubepfennig: Hannover (1585) 1-Pfennigstück

Strohtaler: Schlesien (17. Jh.) Spottname für das 24-Kreuzerstück

Stüber (Stüver): Jülich, Kleve, Berg (18. Jh.) $^1/_{60}$ rtl; Jeverland (18./19. Jh.) $^1/_{54}$ rtl; Ostfriesland (–1841) $^1/_{30}$ rtl; Düsseldorf (18. Jh.) 16 Pfennig wert.

Sun: Pommern (16. Jh.) ca. $^1/_2$ Groschen

Swar(en): *siehe Schwa(a)r*

Syffert (Ciffert): Ostfriesland (18. Jh.) $^1/_2$ Stüber

T

Taler: Die erste Talermünze wurde 1486 in Tirol durch Erzherzog Sigismund geprägt. Die letzte deutsche Talermünze ist der Doppeltaler Sachsens aus dem

Jahre 1872. Nachdem die Grafen von Schlick in Joachimstal ebenfalls solche Sorten prägen ließen, setzte sich für das bisher »Guldengroschen« genannte Stück - abgeleitet von jenen »Joachimstalern - der Name »Taler« durch. Er wurde die beliebteste und verbreitetste Münze, nachdem er 1566 vom Deutschen Reich als Leitwährung angenommen worden war. Fortan hieß er Reichstaler. (Man beachte hier die Vorbemerkungen zum Teil II).

Ternarius (Dreeling): SchM Allgemeiner Ausdruck, z.B. in Urkunden, für 3-Pfennigstücke, besonders im Raum Hamburg, Lüneburg, Lübeck und Wismar im 16. Jahrhundert.

Timpf (Tinnef, Tympf): *siehe Achtzehner*

Tippelgroschen: SchM. Eine unterwertige Groschenmünze des Deutschen Ordens in Ostpreußen (1520/21). Das Stück ging 1528 außer Kurs.

Triumphtaler (Auferstehungstaler): SiM Braunschweig (1545/46)

Turmtaler: SiM Salzburg (1693)

U

Ursulataler (Dreikönigstaler): SiM Köln (1512/16). Ein Guldengroschen, dem erst zu Ende des 16. Jahrhunderts dieser Name angehängt wurde.

V

Veerling: *siehe Witten*

Veitsgroschen: SchM Höxter (16. Jh.) 1-Mariengroschenstück

Vereinskrone: *siehe Krone* (2)

Vereinsmünze: Doppeltalerstück v. 1857

Vereinstaler: 1. Der vom deutschen Zollverein geschaffene Doppeltaler (1838); 2. Der in der deutschen Münzkonvention in Wien (Jan. 1857) eingeführte Taler

Vieftehalb: Ostfriesland (1729) $^1/_{12}$ Taler

Vienkenoge: *s. Finkenauge; Okelpfennig*

V(i)erd(t)ing (Ferdonum, Ferto): SchM (14./16. Jh.) 4-Schillingstück

Vierling (Vierer): *siehe Matthier*

Vierschildheller: Rhein-Moselgebiet (15./16. Jh.) 1 Hellerstück

Viertelsort: $1^1/_2$-Groschenstück

W

Wahrheitstaler: SiM Braunschweig-Lüneburg (1597)

Wechselkreuzer: Eine Rechnungsmünze in Frankfurt/Main mit Wert von $^1/_{74}$ Reichstaler

Weidenbaumtaler: SiM Hessen-Kassel (1627/37)

Weißgroschen: SchM Böhmen (1739) 6-Pfennigstück

Weißpfennig: 1. *siehe Albus;* 2. Allgemein (1739) 2-Pfennigstück

Wendentaler: Sammelname für die Doppelmark der Stadt Lüneburg aus dem Jahre 1541. In Mecklenburg damals etwa $^2/_3$ rtl wert

Wespentaler: *siehe Mückentaler*

Wiedertäufertaler: SiM Münster/Westf. (16. Jh.)

Wildemannsgulden: SiM Braunschweig (16./18. Jh.) 24-Groschenstück

Wildemannstaler: SiM Braunschweig (16./18. Jh.)

Wilhelmer: SchM Meißen (15. Jh.) 1-Groschenstück

Wilhelmsd'or: GoM Kurhessen (19. Jh.) Wert: 4 bis 5 tlr

Wilhelmstaler: SiM Kurhessen (1789)

Witte(n) (Landwitt): Seit ca. 1500 die herrschende Münze an der Wasserkante von Pommern bis Oldenburg. Dazu in Lüneburg und zeitweise in Hannover. 1-Pfennigstück

Z

Zinsgroschen (Mutgroschen, Mittelgroschen): SchM Sächsisches Groschenstück (16./17. Jh.), mit der Steuerzahlungen geleistet werden konnten, Wert: $^{1}/_{21}$ Goldgulden

Zopfdukat (Schwanzdukat): GoM Preußen (18. Jh.) Spottname wegen der Abb. König Friedrich Wilhelms I.

Zwanziger: SchM Österreich 20-Kreuzerstück

Zweidrittel: SchM Deutschland allg. für das $^{2}/_{3}$-Talerstück

Zweier: SchM Volkst. Bezeichnung für 2-Pfennigstücke (NDtl. und Sachsen); Doppelbatzen (Schweiz); Doppelkreuzer und halbe Batzen in SDtl.

Zweiling: *siehe Rappen*

Zwickauer: Groschenstück aus Sachsen (15. Jh.)

Zwölfer (Pfundtner, Mündner, Dreibätzner): SDtl. und Österreich (s. 1500) 12-Kreuzerstück

Zyfert: *siehe Syffert*

7. Paläographische Abkürzungen

Albertstaler: 

Albus: 

Batzen: 

Carolusgulden: 

Denar: siehe Pfennig

Dukat: 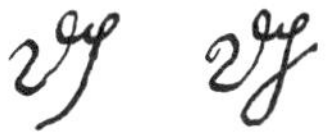

Ferto: siehe V(i)erd(t)ing

Floren (s.auch Gulden) :

==, currenter Münze: 

==, alter: 

==, kölnischer: 

Franc (franz.): 

Fürstengroschen: 

Groschen: 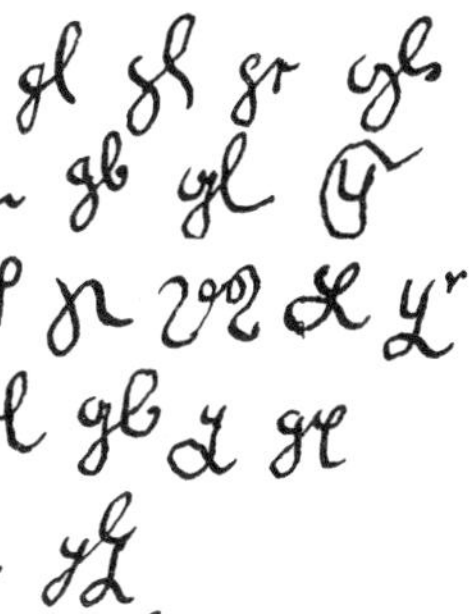

==, alter: 

==, guter: 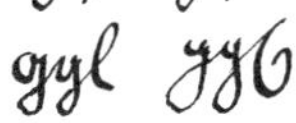

==, neuer: 

Groten (Mehrz. Grote):

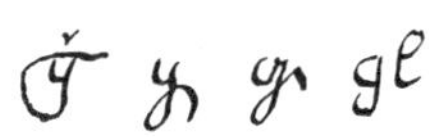

Gulden (s.auch Floren): 

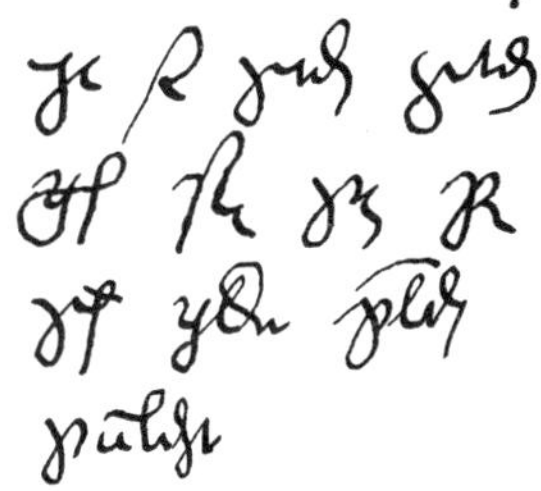

Guldenstück (d.i. ein silb. 2/3-Taler-Stück): 

Heller: 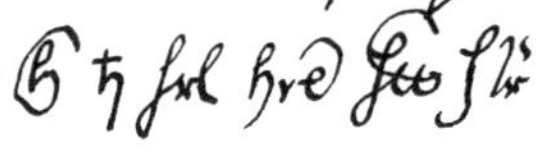

Heller, alter: 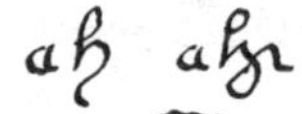

==, böhmischer: 

Hornsgulden: 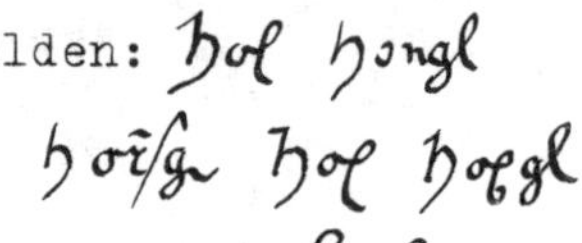

Kaisergroschen: 

Königstaler: 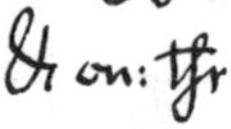

Kopfstück: 

Kreuzer: 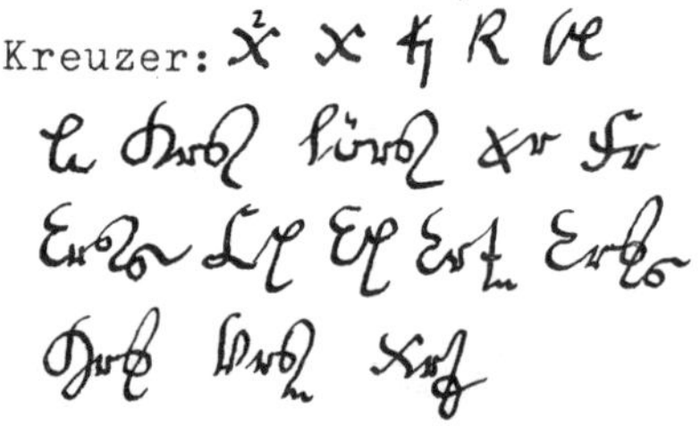

Kreuztaler: 

Krumstert: 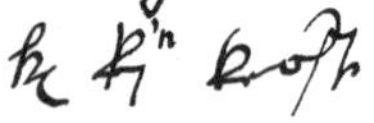

Löwenpfennig: 

Mariengroschen: 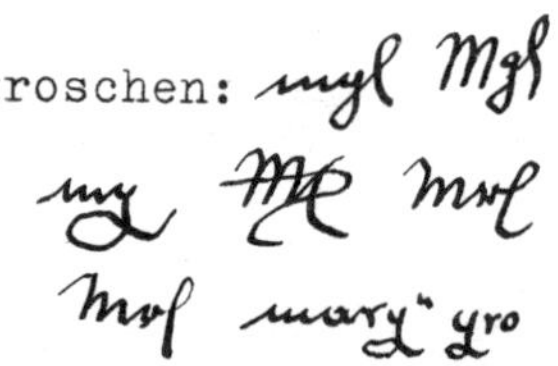

Mariengulden: 

Mark: 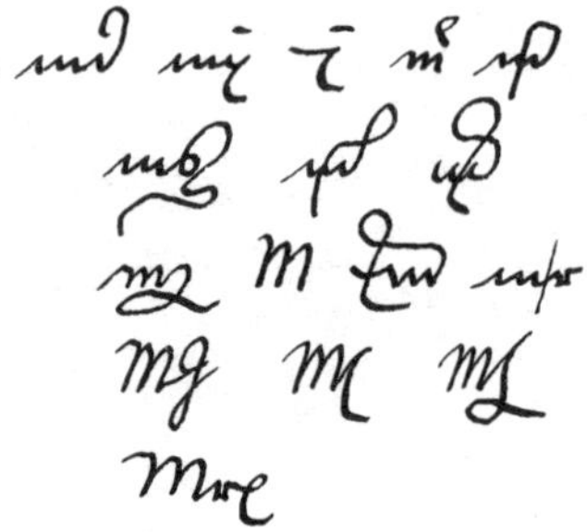

Mark Banco: 

Markgroschen: 

Neugroschen: 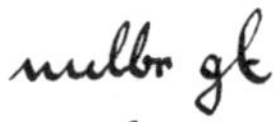

Neupfennig: 

Ort: 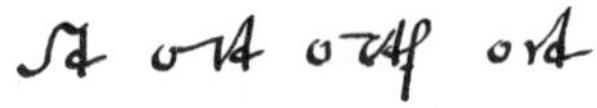

Pfennig (Denar): 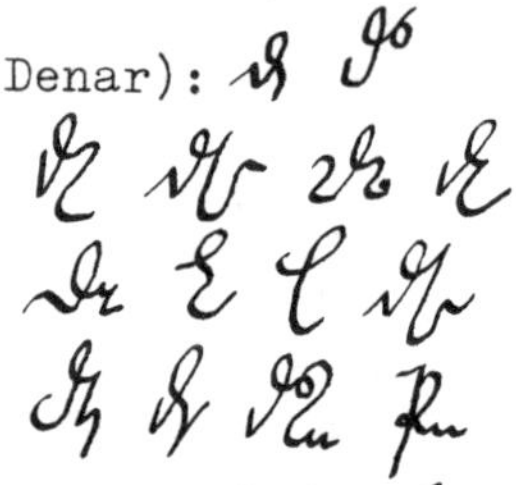

Pfennige, alte: 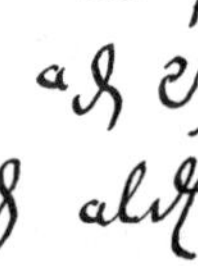

Pfund, flämisch: 

Philippsgulden: 

Plappert: 

Reichstaler: 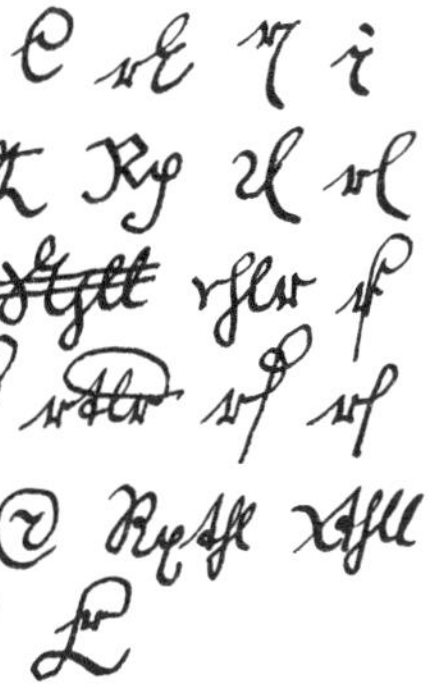

Räddergulden(Riddergulden): 

Schaap (Schaf): 

Schildtaler: 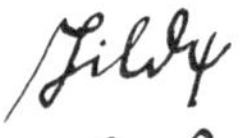

Schilling: 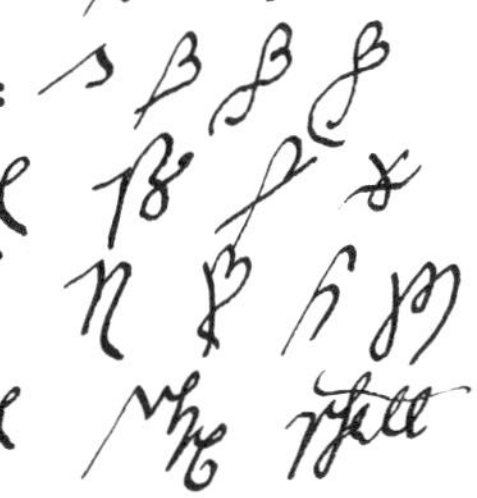

==, alter: 

==, flämisch: 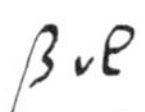

==, lübisch: 

Schillingheller: 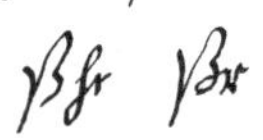

Schillingpfennige: 

Schreckenberger: 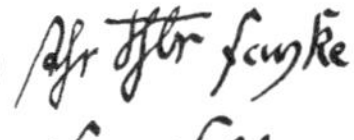

Schware (Sware): 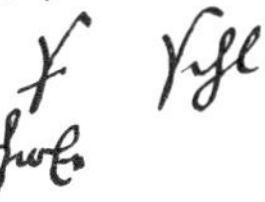

Silbergroschen: 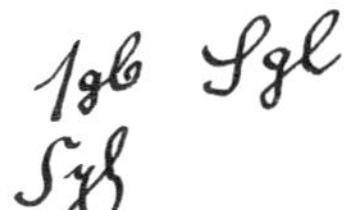

Stüber (Stüver): 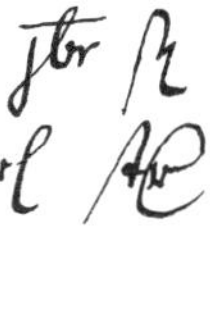

Taler: 

Turnose: 

V(i)erd(t)ing: 

Vierling: 

Weißgroschen: 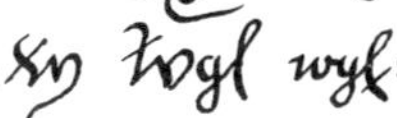

Witte: 

Zyfert: 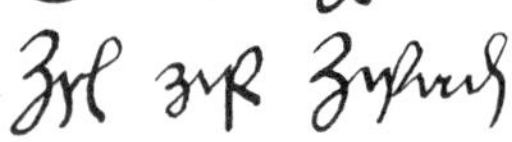

III. Literaturverzeichnis

A. Zu den Maßsystemen

1. Adron, Lutz: Messen, wiegen, zählen. Lexikon der Maß- und Währungseinheiten. (Gütersloh 1987).
2. Amtsblatt der Königlich Preußischen Regierung zu Minden, Jg. 1819.
3. Bauernfeind, C.M.: Elemente der Vermessungskunde. Bd. 1. München 1856.
4. Verbesserter Pyrmontischer, jetzt das siebende mahl ausgehender Calender auf das Jahr Christi 1717 ... Hrsg. Gerhard Schapern. Lemgo (1716).
5. Camphausen: Über die Bedeutung der beiden Wörter mansus und curtis, in: Verbands-Nachrichten. Hrsg. v. Verband Preußischer Katasterkontrolleure, Jg. 5, 1911, S. 107.
6. Chelius, Georg Kaspar: Maaß- und Gewichtsbuch. 3. Aufl. hrsg. von Joh. Fr. Hauschild. Frankfurt 1830.
7. Chelius, Georg Kaspar: Zuverlässige Vergleiche sämmtlicher Maaße und Gewichte der Handelsstadt Frankfurt. 1808.
8. Christiani: Die ungleiche Größe der älteren Feldmaße, in: Verbandsnachrichten. Hrsg. v. Verband Preußischer Katasterkontrolleure, Jg. 5, 1911, S. 131.
9. Novum Corpus Constitutionum Prussico-Brandenburgensium ... oder Neue Sammlung Königlich Preußischer und Churfürstlich Brandenburgischer, sonderlich in der Chur- und Marck-Brandenburg publicirten und ergangenen Ordnungen ..., Bd. 4. Berlin 1771.
10. Deichordnung für das Herzogthum Oldenburg vom 8. Juni 1855, in: Oldenburgisches Gesetzblatt 1855, S. 765.
11. Designatio derjenigen differenten Scheffeln im Fürstenthum Minden, wie selbige mit dem Berlinischen Scheffel conferiret ... Minden 1722.
12. Desing, A.: Auxilia Historica oder Historischer Behülff, und Bequemer Unterricht Von Denen dazu erforderlichen Wissenschaften, Theil 4. Stadt am Hof 1741.
13. Drießen, A.: Fremdwörterbuch für den Bergbau, T. 3: Übersicht über Maßeinheiten unter besonderer Berücksichtigung der Berggeschichte. Recklinghausen 1934.
14. Ebeling, Dietr. u. Franz Irsigler: Getreide-Umsatz, Getreidebrotpreise in Köln, T. 1.2. Köln, Wien 1976/77. (Mitteilungen aus dem Stadtarchiv Köln, H. 65, 1.2.)
15. Engel, Franz: Tabellen alter Münzen, Maße und Gewichte für Archivbenutzer. Rinteln 1963. (Schaumburger Studien, 9).
16. Flechsig, Werner: Alte Namen für Feldabteilungen und Ackermaße in Ostfalen, in: Braunschweigische Heimat, 45, 1969, S. 41–47, 84–91, 105–111.
17. Geise, H.: Tafeln zur Verwandlung der bisherigen preußischen Morgen, Quadratruthen und Quadratfüße in Hectare, Are und Quadratmeter ... Münster 1869.
18. Gesetzsammlung für die Königlich Preußischen Staaten, Jg. 1816, 1821, 1822, 1869.
19. Grimm, Fr. W.: Vollständige Darstellung des Maaß- und Gewichtssystems im Großherzogthum Hessen ... 1840
20. Hatscher: Metrische Werte alter Längen- und Flächenmaße in Niedersachsen und den Nachbarländern, in: Nachrichten der Niedersächsischen Vermessungs- und Katasterverwaltung, Jg. 9, 1959, S. 74.
21. Verbesserter und Julianischer auf das Chur-Fürstenthum Braunschweig-Lüneburg und dessen Benachbarten Landen eingerichteter Mathematischer Haußhaltungs- und Historien-Calender des Jahres nach Christi Gebuhrt 1733. Hrsg. v. Ludwig Johann Rust, ... Hannover (1732)

22. Curieuser Hauß-, Geschichts- und Raritätenkalender ... auf das Jahr Christi 1743 ... von Joseph Baumgarten. Lemgo (1742).
23. Heischmann, H.: Die bayerischen Längen- und Flächenmaße, in: Vermessung und Karte in Bayern, Festschrift zur 150-Jahrfeier des bayerischen Vermessungswesens. München 1951.
24. Kahnt, Helmut und Bernd Knorr: Alte Maße, München und Gewichte. Ein Lexikon. Mannheim (usw.) 1987.
25. Fürstlich Lippischer Kalender auf das Jahr 1791, 1826, 1866, 1870. Lemgo 1791 ff.
26. Kleeberg, W.: Alte Hohlmaße, in: Schaumburger Heimatblätter, 1956, S. 59.
27. Klimpert, R.: Lexikon der Münzen, Maße, Gewichte, Zählarten und Zeitgrößen aller Länder der Erde. 2. Aufl. Berlin 1896. (Nachdruck Graz 1972).
28. Krause, Rudolf: Umrechnung der im Großherzogthum Hessen vor 1817 gebräuchlichen Ortsmaße in das metrische System. Darmstadt 1956.
29. Landesverordnungen der Grafschaft Lippe, Bd. 1–4. Lemgo 1779–1801.
30. Landesverordnungen des Fürstenthums Lippe, Bd. 5 ff. Lemgo 1810 ff.
31. Lerch, Christoph: Alte Maße und Gewichte in Duderstadt und dem Eichsfeld, in: Die Goldene Mark, 27, 1976, S. 73–86.
32. Lüders, Karl: Zur Umrechnung von Rutenlängen in metrisches Maß, in: Neues Archiv für Niedersachsen, 22, 1973, S. 403–411.
33. Masuch, Horst: Kornpreise und Kornmaße im »unbekannten« Kornregister, in: Hannoversche Geschichtsblätter, NF 34, 1980, S. 119 ff.
34. Maße, Gewichte, Münzen, in: Die Archivpflege in den Kreisen und Gemeinden. Hrsg. von der Württembergischen Archivdirektion und dem Staatsarchiv in Sigmaringen. Stuttgart 1952. (Veröffentlichungen der Württembergischen Archivverwaltung, H. 5).
35. Maß- und Gewichtsordnung für den Norddeutschen Bund vom 17. August 1868, in: Bundesgesetzblatt des Norddeutschen Bundes, 1868, S. 473 ff.
36. Mitteilungen des Vereins für Geschichte und Landeskunde (Histor. Verein) von Osnabrück. Bd. 31, 35, 36, 39, 40, 44, 46, 47, 49, 51, 52. Osnabrück 1907–1930.
37. Mylius, Chn. O.: Corpus Constitutionum Marchicarum, oder Königl.-Preußische und Churfürstlich Brandenburgische Verordnungen, Bd. 5 Berlin, Halle 1750.
38. Noback, Christian: Vollständiges Taschenbuch der Münz-, Maß- und Gewichtsverhältnisse. Abt. 1.2. Leipzig 1851.
39. Allgemeine Deutsche Real-Encyclopädie für die gebildeten Stände. 8. Aufl. (Stichwort »Maße, Gewicht und Münzen«). Leipzig 1835.
40. Reekers, Stefanie: Beiträge zur statistischen Darstellung der gewerblichen Wirtschaft Westfalens um 1800, in: Westfälische Forschungen, 17–26, 1965–1975.
41. Regierungs- und Anzeigeblatt für das Fürstenthum Lippe, 1870, Beilage zur Nr. 5: Tabelle, enthaltend die Verhältnißzahlen für die Umrechnung der im Fürstenthum Lippe bisher gültigen Maße und Gewichte in die durch die Maß- und Gewichts-Ordnung für den Norddeutschen Bund festgestellten neuen Maße und Gewichte.
42. Rottleuthner, Wilhelm: Alte lokale und nichtmetrische Gewichte und Maße und ihre Größen nach metrischem System. Innsbruck 1985.
43. Verbesserter Schreib-Kalendere auf das Jahr ... 1704. (Bearb.) durch Johannem Meyerum. Braunschweig (1703).
44. Schulte, E.: Das Danziger Kontorbuch des Jakob Stöve aus Münster, in: Hansische Geschichtsblätter, 62, 1937, S. 40–72. (Enthält hanseatische Maße, Münzen, Waren, Wege und Zölle um 1560).
45. Siefert, Kurt: Amtliche Maße und Gewichte in den einzelnen deutschen Herrschaftsgebieten vor 1872. Beerfelden-Gammelsbach 1987.
46. Stichling, P.: Das rheinische Maß, seine wirtschaftliche und kulturelle Bedeutung, in: Geodätische Woche Köln 1950, Stuttgart 1951.

47. Stichling, P.: Die kulturgeschichtliche Bedeutung der Feldmaße, in: Zeitschrift für Vermessungswesen, Jg. 76, 1951, S. 161, 205; Jg. 81, 1956, S. 61, 91.
48. Suerbaum, August: Der Zehnte im Landkreis Osnabrück vom späten Mittelalter bis zur Ablösung, in: Osnabrücker Mitteilungen, 70, 1961, S. 24–58.
49. Timm, W.: Maße, Münzen und Gewichte in der Grafschaft Mark. Unna 1981. (Stadtarchiv Unna. Schriftenreihe zur Geschichte Unnas und der Grafschaft Mark, 1).
50. Uphoff, Bernhard: Ostfriesische Maße und Gewichte. T. 1.2. Aurich 1973. (Quellen zur Geschichte Ostfrieslands, 9).
51. Zur Verwandlung der in Preußen vorkommenden älteren Maße in das gegenwärtig gültige Metermaß, in: Allgemeine Vermessungsnachrichten, Jg. 6, 1904, S. 341.
52. Voort, Heinrich: Die Getreidemaße in der Grafschaft Bentheim, in: Jahrbuch des Heimatvereins der Grafschaft Bentheim, 1978, S. 47–60.
53. Wagner, H.: Hagemanns Flächenberechnung des Kurfürstentums Hannover vom Jahre 1786, in: Niedersächsisches Jahrbuch, 1, 1924, S. 198 ff.
54. Wagner, K.: Tabelle zur Umwandlung der im Regierungsbezirk Kassel gebräuchlichen Maaße und Gewichte. 1871.
55. Werbe, Georg: Alte Maße im Lande Wursten, in: Jahrbuch der Männer vom Morgenstern, 41, 1960, S. 113–134.
56. Wiegand, C.: Tabellen zur Umwandlung der seitherigen kurhessischen Maße und Gewichte in die durch die Maß- und Gewichtsordnung für den Norddeutschen Bund vom 17. August 1968 vorgeschriebenen Maße und Gewichte. 1871.
57. Witthöft, Harald: Maß- und Gewichtsnormen im hanseatischen Salzhandel, in: Hansische Geschichtsblätter, 95, 1977, S. 38 ff.
58. Mitthöft, Harald: Scheffel und Last in Preußen, in: Blätter für deutsche Landesgeschichte, 117, 1981, S. 335 ff.
59. Zedler, J. H.: Großes Vollständiges Universallexikon ... Bd. 22 (Stichwort Maße und Gewichte). Leipzig & Halle 1739.
60. Ziegler, H.: Alte Gewichte und Maße im Lande Braunschweig, in: Braunschweigisches Jahrbuch, 50, 1969, S. 128 ff.
61. Ziegler, H.: Flüssigkeitsmaß, Fässer und Tonnen in Norddeutschland vom 14. bis 19. Jahrhundert, in: Blätter für deutsche Landesgeschichte, 113, 1977, S. 276–337.

B. Zu den Währungssystemen

1. – 16. Siehe Abschnitt A Nr. 1, 4, 15, 18, 21, 22, 24, 25, 27, 29, 30, 34, 38, 39, 43, 49.
17. Berghaus, Peter: Aus der lippischen Münzgeschichte. Ausstellungskatalog zur Münz- und Geldgeschichte. Detmold 1965.
18. Berghaus, Peter: Kleine Paderborner Münzgeschichte. Paderborn 1969. (Heimatkundliche Schriftenreihe der Volksbank Paderborn, H. 1).
19. Bilzer, Bert: Abriß der Münz- und Geldgeschichte des Landes Braunschweig. Braunschweig 1980. (Arbeitsberichte aus dem Städtischen Museum Braunschweig, 35).
20. Born, Karl Erich: Geld und Banken im 19. und 20 Jahrhundert. Stuttgart (1970). (Kröners Taschenausgabe, 428).
21. Damaschke, A.: Geschichte der Nationalökonomie. 13., durchges. Auflage, Bd. 1. Jena 1922.
22. Über die Einführung der Silbergroschen und ihre Folgen, in: Fürstlich Lippischer Kalender auf das Jahr 1847. (Lemgo 1846).
23. Förster, Walter: Das Haus am Wall. Aus Bremens Geldgeschichte. Bremen (1983).
24. Friedensburg, Ferdinand: Münzkunde und Geldgeschichte der Einzelstaaten des Mittelalters und der Neuzeit. München & Wien 1926 (Nachdr. 1972).

25. Friedensburg, Ferdinand: Deutsche Münzgeschichte, in: Grundriß der Geschichtswissenschaft, Bd. 1, Abt. 4. Leipzig & Berlin 1912.
26. Geld. Edition der Deutschen Bank. (Hrsg. v. H.-J. Funck, Frankfurt 1982).
27. Gesetz über die Münzverfassung in den Preußischen Staaten vom 20. September 1821, in: Gesetzsammlung für die Königlich Preußischen Staaten, 1821, S. 159 ff.
28. Grote, H. und L. Hölzermann: Lippische Geld- und Münzgeschichte. Leipzig 1867.
29. Halke, H.: Handwörterbuch der Münzkunde und ihrer Hilfswissenschaft. Berlin 1909.
30. Ilisch, Peter: Kleine lippische Münzgeschichte. Detmold 1986.
31. Jaeger, Kurt: Die Münzprägungen der deutschen Staaten vor Einführung der Reichswährung, H. 6-9. Basel 1971.
32. Jesse, W., Zur älteren Münz- und Geldgeschichte Bremens, in: Bremisches Jahrbuch, 36, 1936, S. 182 ff.
33. Jesse, W.: Bremens neuere Münzgeschichte, in: Bremisches Jahrbuch, 38, 1939, S. 158 ff.
34. Jesse, W.: Münz- und Geldgeschichte Niedersachsens. Braunschweig 1952. (Werkstücke aus Museum, Archiv und Bibliothek der Stadt Braunschweig, 15).
35. Kahl, H. D.: Hauptlinien der deutschen Münzgeschichte vom Ende des 18. Jahrhunderts bis 1878. Frankfurt 1972.
36. Kappelhoff, Anton: Kleine Geld- und Münzgeschichte Ostfrieslands. Norden (1959). (Hier büst du to Hus, H. 5).
37. Ploehn, H.A.: Die Währungen in der Vergangenheit der Hansestädte und Nordelbingens, in: Archiv für Sippenforschung, 16, 1939, S. 131–133.
38. Reichsmünzgesetz vom 4. Dezember 1871, in: Reichsgesetzblatt, 1871, S. 404 ff.
39. Rittmann, Herbert: Deutsche Münz- und Geldgeschichte der Neuzeit bis 1914, in: Archiv für deutsche Postgeschichte, 1976, H. 1.
40. Schellenberg, Johann Philipp: Das Ganze der Rechenkunst ... Bd. 2. Erfurt 1825. (Hier: Abschn. III: Geld, Münzen und Bankinstitute; IV: Münzfuß und die darauf sich gründende Münzrechnung; V: Verschiedene Arten der Verwechslung der Münzen.)
41. Schmieder, K. Chr.: Handwörterbuch der gesamten Münzkunde. (Nebst) Nachtrag. Halle & Berlin 1811–1815.
42. Schneider, Konrad: Münzfuß-Veränderungen in Mecklenburg-Schwerin nach der Einführung des 34-Mark-Fußes 1763 und ihre Auswirkungen auf den Verkehr mit Hamburg, in: Blätter für deutsche Landesgeschichte, 119, 1983, S. 119 ff.
43. Schrötter, Fr. Frh. v.: Wörterbuch der Münzkunde. Berlin & Leipzig 1930.
44. Schulz, B.: Kleine deutsche Geldgeschichte des 19. und 20. Jahrhunderts. Berlin 1976.
45. Sprenger, B.: Währungssysteme des 19. Jahrhunderts in Deutschland, in: Die Bank, Jg. 1985, S. 87 ff.
46. Stange, Eduard: Geld- und Münzgeschichte der Grafschaft Ravensberg. Münster 1951. (Veröffentlichungen der Historischen Kommission des Provinzial-Instituts für westfälische Landes- und Volkskunde, 23).
47. Stange, Eduard: Geld- und Münzgeschichte des Bistums Minden. Münster 1913. (Veröffentlichungen der Historischen Komission für Westfalen).
48. Verdenhalven, Fritz: Die lippischen Währungs- und Geldverhältnisse. Zur Geschichte der Landeswährung und des Geldtransfers seit dem 17. Jahrhundert, in: Lippische Mitteilungen aus Geschichte und Landeskunde, 56, 1987, S. 51–74.
49. Walker, K.: Das Geld in der Geschichte. Lauf b. Nürnberg 1959.
50. Waschinski, E.: Währung, Preisentwicklung und Kaufkraft des Geldes in Schleswig-Holstein 1226–1864. Neumünster 1952. (Quellen und Forschungen zur Geschichte Schleswig-Holsteins).
51. Weber, A.: Geld, Banken, Börsen. München (1955).
52. Zedler, J.H.: Großes Vollständiges Universal-Lexikon ... Bd. 22. Leipzig & Halle 1739, Sp. 472 ff.

Es wird hiedurch zu jedermänniglichen Wissenschafft gebracht / daß Seine Königl. Majestät allergnädigst resolviret haben / daß die Käyserliche und Frantzösische Thaler / wie auch Münstrische 6. und 3. Mariengroschen bey denen Contributions- und accise-Cassen bis zu Ausgang dieses Jahrs und bis zu ander weiter Verordnung für voll angenommen werden sollen ; Wornach sich ein Jeder zu achten. Bielfeld den 25. Nov. 1718.

Sr. Königlichen Majestät Ravensbergisches Commissariat.